Lilian Gehrke-Vetterkind

Frau kann Chef

ÖKOLOGISCHE VERANTWORTUNG

Wir übernehmen Verantwortung! Ökologisch und sozial!

- Verzicht auf Plastik: kein Einschweißen der Bücher in Folie
- Nachhaltige Produktion: Verwendung von Papier aus nachhaltig bewirtschafteten Wäldern, PEFC-zertifiziert
- Stärkung des Wirtschaftsstandorts Deutschland: Herstellung und Druck in Deutschland

Lilian Gehrke-Vetterkind

FRAU KANN CHEF

Mit Freude und Gelassenheit in Führung gehen

GABAL

Externe Links wurden bis zum Zeitpunkt der Drucklegung des Buches geprüft. Auf etwaige Änderungen zu einem späteren Zeitpunkt hat der Verlag keinen Einfluss. Eine Haftung des Verlags ist daher ausgeschlossen.

Ein Hinweis zu gendergerechter Sprache: Die Entscheidung, in welcher Form alle Geschlechter angesprochen werden, obliegt den jeweiligen Verfassenden.

Bibliografische Information der Deutschen Nationalbibliothek

Die Deutsche Nationalbibliothek verzeichnet diese Publikation in der Deutschen Nationalbibliografie; detaillierte bibliografische Daten sind im Internet über http://dnb.d-nb.de abrufbar.

ISBN 978-3-96739-160-2

Lektorat: Christoph Landgraf, St. Leon-Rot | www.lektoratlandgraf.de
Umschlaggestaltung: Tina Mayer-Lockhoff, Berlin
Autorenfoto: privat
Satz und Layout: Das Herstellungsbüro, Hamburg | www.buch-herstellungsbuero.de
Druck und Bindung: Salzland Druck, Staßfurt

Wir drucken in Deutschland.

www.gabal-verlag.de
www.gabal-magazin.de
www.facebook.com/Gabalbuecher
www.twitter.com/gabalbuecher
www.instagram.com/gabalbuecher

PEFC
PEFC/04-31-2251

PEFC zertifiziert
Dieses Produkt stammt aus nachhaltig bewirtschafteten Wäldern und kontrollierten Quellen.

www.pefc.de

Inhalt

Vorwort 7

Einleitung 9

1. Deine Persönlichkeit

Führungsfrauen-Persönlichkeiten 17

Wenn du andere führen willst, führe zuerst dich selbst 20

Glaubenssätze zu Führung 35

2. Unternehmenskultur

Deinen eigenen Werten auf der Spur 39

Unternehmensinterne Rahmenbedingungen für die Entfaltung deines Potenzials 46

3. Du als Führungskraft

Der Unterschied zwischen Management und Leadership 61

Deine Führungsprinzipien 67

Führungsstile und Führungsrollen 73

4. Führung? Jetzt aber wirklich

Beseitige deine eigene Voreingenommenheit 79

Führungsaufgabe und Privatleben – eine gute Passung finden 82

Konkretisiere deinen Plan 89

Werde sichtbar und sprich über deine Pläne und Ziele 91

5. Souverän führen

Formen und Ausprägungen von Macht ... 97

Umgang mit Macht, Politik und Hierarchie ... 100

Erlebte Fälle von Machtspielen und möglicher Umgang damit ... 103

Die größten Stolpersteine für Frauen in Führung ... 119

6. Umgang mit Fehlern

Du warst es und niemand anderes ... 130

Etablierung einer Lernkultur im Team ... 136

7. Kommunikativ überzeugen

Grundlagen gelingender Kommunikation ... 145

Eigenes Gesprächsverhalten reflektieren ... 154

Mitarbeitenden-Gespräche führen ... 156

Konfliktgespräche führen ... 159

Das Kommunikationsverhalten der Männer verstehen und deren Sprache anwenden können ... 166

Schlussgedanken

5 Hacks für den Start in die Führungsposition ... 171

Dankeschön ... 177

Anmerkungen ... 179

Literaturverzeichnis ... 185

Über die Autorin ... 188

Vorwort

Es gab keine bessere Zeit für Frauen, in Führung zu gehen, als heute. Über Jahrhunderte hinweg hat die Gesellschaft die Vorstellung aufrechterhalten, dass Führungskräfte starke, durchsetzungsfähige und dominante Persönlichkeiten sind. In der Regel wurden diese in Unternehmen und auch anderswo von Männern verkörpert. Es ist an der Zeit, dass die Art zu führen sich ändert. Und Frauen sollten bei diesem Wandel vorne dabei sein. Die Welt entwickelt sich rasant weiter, und damit ändern sich auch die Herausforderungen, denen wir uns stellen müssen. Es braucht einen Führungsansatz, der integrativ, einfühlsam und kooperativ ist. Einen Ansatz, der Menschen ins Zentrum stellt. Es braucht Empathische Führung.

Empathische Führung zahlt auf die Bedürfnisse unserer Zeit ein. Sie stellt die Mitarbeiter*innen und ihre Bedürfnisse in den Mittelpunkt des unternehmerischen Erfolgs. Die fachliche als auch persönliche Weiterentwicklung der Einzelnen ist das Ziel. Empathische Führung hat nicht ausschließlich Interesse daran, dass Mitarbeiter*innen Leistung und Gewinn fürs Unternehmen erbringen. Sie hat auch das Ziel, Mitarbeiter*innen erfolgreich zu machen. Sie zu befähigen, ihre Ziele zu erreichen.

Damit ist dieser Führungsstil der Schlüssel für tiefere Verbundenheit mit dem Unternehmen, mit dem Team und der Führungskraft. Kurz: Empathische Führung sorgt für engagierte und loyale Mitarbeitende. Diese wiederum setzen sich motiviert für den Unternehmenserfolg ein. Diese Verbundenheit ist elementar, ganz besonders in Zeiten des Fachkräftemangels und der Frage nach der Zukunftsfähigkeit eines Unternehmens.

Als junge Führungskraft stand ich oft an dem Punkt, die Führungskarriere hinzuschmeißen. Dabei war ich gerne Führungskraft.

Ich fühlte mich falsch. Mich belasteten nicht die Strukturen und Prozesse, sondern der Umstand, dass von mir ein Führungsstil erwartet wurde, der nicht meiner Persönlichkeit und meinen Werten entsprach. Einmal habe ich gewagt, bei meinem Vorgesetzten anzumerken, dass ich keine Zeit habe, mich adäquat um mein Team zu kümmern. Mein Vorgesetzter empfahl mir, nicht mit meinen Mitarbeitenden aus meinem Team zu sprechen. Das sei nicht wichtig.

Irgendwann habe ich beschlossen, mich allen Empfehlungen und Glaubenssätzen in Sachen Führung entgegenzusetzen. Ich entschied mich, anders zu führen als mein Chef, als der Rest des Unternehmens. Ich fing an, Empathische Führung zu praktizieren. Mit Empathischer Führung konnte ich meine persönlichen Stärken nutzen. Ich konnte authentisch sein, mein ehrliches Interesse für das Wohlbefinden anderer zeigen, sie bei ihrer Entwicklung unterstützen und eine gute Vertrauensbeziehung auf Augenhöhe aufbauen. Das sind die Voraussetzungen, damit überhaupt eine enge Bindung zur Führungskraft und dem Unternehmen entsteht. Dies führt zu mehr Engagement und Motivation bei den Mitarbeitern und damit zu höherer Produktivität und Arbeitszufriedenheit.

Was hat es gebraucht, um dahin zu kommen? Mut. Mut, anders zu führen. Mut, empathisch zu führen. In einer immer noch männerdominierten Führungslandschaft wird empathisch führen als soft sein missverstanden. Dabei geht es bei Führung weder um »soft« noch »hart«. Es geht darum, als Führungskraft Mitarbeitende mit ihren Bedürfnissen wahr- und ernst zu nehmen und menschlich zu agieren.

Ich hoffe, dieses Buch hilft dabei, dass in Zukunft Menschlichkeit in der Arbeitswelt keinen Mut mehr braucht.

Lunia Hara
Director Project Management bei diconium
Expertin für Empathische Führung

Mai 2023

Einleitung

Ein Mann, Christian, und eine Frau, Tanja, betreten gemeinsam das Gebäude, in dem das Unternehmen Columbia Fashion AG seinen Unternehmenssitz hat. Sie haben gerade ihr BWL-Studium beendet und möchten ihre Karriere starten. Beide sind sehr optimistisch, dass die Zukunft viel Gutes für sie bereithält.

In der Lobby des Gebäudes sitzen viele Menschen unterschiedlichen Alters, Geschlechts und unterschiedlicher Herkunft. Tanja gefällt diese Vielfalt an Menschen sofort. Beide nehmen die Treppe in den ersten Stock. Dorthin führt sie ein Wegweiser mit blauen und roten Markierungen. Der blaue Wegweiser ist mit einem männlichen, der rote Wegweiser mit einem weiblichen Zeichen markiert.

Im ersten Obergeschoss angekommen bemerkt Tanja, dass der blaue Wegweiser auf den Aufzug zeigt, der rote weist ihr weiterhin den Weg übers Treppenhaus. Christian trennt sich hier von ihr, winkt ihr noch einmal kurz zu und steigt in den Aufzug. Sie nimmt die Treppe, wie aufgefordert. Die Treppe ist ziemlich steil und erscheint endlos. Nach einigen Stufen ist sie außer Atem. Um sie herum laufen weitere Frauen nach oben, einige von ihnen lehnen sich schon erschöpft an das Treppengeländer. Männer sind hier keine zu sehen.

Irgendwann auf ihrem Weg erfährt sie von einer anderen Frau, dass es eine »Head of Irgendwas«-Stelle im Unternehmen zu besetzen gibt. Tanja tippt ihre Bewerbung dafür in die interne Stellen-App. Während sie weitere Stufen nimmt, wartet sie auf den Rückruf. Dieser folgt auch bald. Der Personalchef sagt zu ihr: »Tanja, ich hatte ja keine Ahnung, dass Sie Ambitionen haben. Arbeiten Sie mal noch ein paar Jahre weiter so ambitioniert für uns. Sie sind aktuell noch nicht so weit.«

Tanjas Smartphone klingelt kurz danach ein zweites Mal: »Hallo, hier ist Christian. Ich bin gerade ›Head of Irgendwas‹ geworden. Ich habe damals, als ich in den Aufzug einstieg, einen anderen Christian getroffen. Er ist Vorstand hier bei uns. Mit ihm spiele ich seither Tennis. Er hat mir die Position bei einem Bierchen angeboten. Und was machst du so?«

Tanja ist sprachlos. Christian fährt mit dem Aufzug fast direkt in die Führungsetage. Die steilen Treppen musste er nicht nehmen. Und zu ihr sagte man, sie sei noch nicht so weit. Dabei hat sie ihr Studium mit einer deutlich besseren Note abgeschlossen als Christian. Außerdem hat sie einige Projekte super gewuppt, während sie im Gebäude Stufe um Stufe nach oben zurücklegte. Sie hat ständig neue Kunden für die Columbia Fashion AG akquiriert. Sie hat den Teamumsatz gesteigert, Monat für Monat. Ihre Leute mögen sie. Trotzdem hat im Treppenhaus kaum jemand wahrgenommen, wie sie sich Tag für Tag nach oben kämpfte und welche Erfolge sie einfuhr. Oft fühlte es sich beim Hinauflaufen so an, als stoße sie immer wieder mit dem Kopf gegen eine Glasdecke.

Sie ist den Tränen nahe. Eine andere Frau, die erschöpft auf einer der Treppenstufen sitzt, sagt zu ihr: »Das läuft hier immer so. Du bist einfach kein Christian, genauso wenig wie ich. Wir können uns anstrengen, wie wir wollen, sie lassen immer nur einen Christian, Michael oder Thomas in den Aufzug steigen.«

Kann so die Geschichte lauten, die hinter den aktuellen Zahlen zu Frauen in Führungspositionen steckt? Denn wie kommt es dazu, dass in deutschen Führungsetagen im Jahr 2022 immer noch nur rund 24 Prozent Frauen[1] vertreten sind? Diese Zahlen sind von Statista im Frühjahr 2023 ermittelt worden.

Im EU-weiten Ranking der 27 Mitgliedstaaten, das im Jahr 2021 publiziert wurde[2], waren es in Deutschland noch 29 Prozent Frauen in Führungspositionen und damit der 20. Platz. Insgesamt lag der Frauenanteil 2021 im EU-Durchschnitt bei rund 35 Prozent. Vorreiter war Lettland, wo 46 Prozent aller Führungspositionen von Frauen eingenommen wurden. Auch Schweden und Polen (je

43 Prozent) sowie Estland (41 Prozent) erreichten Quoten jenseits der 40-Prozent-Marke.

Eine Quote von 24 Prozent, also noch nicht einmal einem Drittel aller möglichen Führungspositionen[3], die es zu besetzen gilt, und Platz 20 von 27 Plätzen innerhalb der EU ist eine schlechte Platzierung. Das zeigt sehr deutlich: Es gibt in verantwortlichen Positionen in Deutschland weitaus weniger Frauen als Männer.

Schaut man sich die Anzahl von Frauen in den Vorständen der 160 börsennotierten deutschen Unternehmen an, wie es in halbjährlichen Abständen die AllBright Stiftung[4] macht, dann liest man in deren Zwischenstandsbericht per 7. März 2023 Folgendes: Nach wie vor sind mehr als 80 Prozent der Vorstandsmitglieder Männer. Von im März 2023 insgesamt gezählten 703 Vorständen sind 120 Frauen. Nicht umsonst haben wir für den Protagonisten in der Eingangsgeschichte den Namen Christian gewählt. Denn was die AllBright Stiftung ebenfalls ermittelt hat, ist, dass im Jahr 2022 mehr Vorstandsvorsitzende mit dem Vornamen Christian in den deutschen Börsenunternehmen sitzen (zehn), als es weibliche Vorstandsvorsitzende gibt (neun).

Und auch in der Politik herrscht keine Parität zwischen Männern und Frauen. Statista hat ausgewertet, dass der Frauenanteil im Deutschen Bundestag im April 2023 lediglich 35,05 Prozent[5] beträgt. Der geringste Frauenanteil findet sich in der AfD-Fraktion, hier sind nur 11,54 Prozent der Abgeordneten weiblich. Auch in der Union finden sich nur 23,86 Prozent Frauen. Hingegen stellten in den Fraktionen der Grünen und der Linken die weiblichen Abgeordneten mit 59,3 Prozent (Bündnis 90/Die Grünen) und 53,9 Prozent (Die Linke) jeweils die Mehrheit unter den Fraktionsmitgliedern.

Obwohl in unserem deutschen Grundgesetz in Artikel 3 Absatz 2[6] geschrieben steht, dass Männer und Frauen gleichberechtigt sind, haben wir immer noch ein großes Ungleichgewicht zuungunsten der Frauen in Führungspositionen.

Doch warum ist das so? Warum sprechen wir in einem demokratischen Land, in dem seit Jahren eine rechtliche Gleichberechtigung zwischen Männern und Frauen besteht, immer noch von einer fehlenden faktischen Gleichberechtigung in den Führungsetagen? Und von fehlender Chancengleichheit, wenn es um die Vergabe von Führungspositionen geht?

Schauen wir uns noch mal die Eingangsgeschichte mit Christian und Tanja an. Mit Sicherheit kann man sagen, dass die Voraussetzungen von Männern und Frauen für eine Führungsposition gleich sind. Frauen sind genauso top ausgebildet und schließen ihr Studium oder ihre Ausbildung prozentual sogar besser ab als Männer. Frauen sind genauso intelligent wie Männer, ehrgeizig und engagiert. Frauen können sich auf ihre Art durchsetzen und Teams zu Spitzenleistungen führen. Das ist auch ganz hervorragend im Sport feststellbar. Frauen sind also nicht weniger geeignet, haben nicht weniger Potenzial und haben ebenso Führungskompetenz.

Doch wenn man genauer untersucht, welche Gründe es hat, dass Frauen in Führungspositionen unterrepräsentiert sind, dann stößt man auf das in der Eingangsstory beschriebene Problem. Es hat mit dem Treppenhaus des Gebäudes zu tun. Mit den Wegweisern, die Frauen und Männern einen unterschiedlichen Weg nach oben anzeigen. Mit Strukturen und Unternehmenskulturen, die das begünstigen. Mit einem Christian, Michael oder Thomas im Management an oberster Spitze, der den anderen Christian, Michael oder Thomas unter seine Fittiche nimmt. Nicht aber Tanja. Und es hat damit zu tun, dass Tanja die Treppenstufen unter hohem Einsatz und mit viel Engagement erklimmt, die Abkürzung in Form des Aufzugs jedoch nicht angezeigt bekommt.

Eine These, die ich oft höre: Frauen wollen doch gar nicht führen; und halten sich deshalb lieber irgendwo in der Lobby oder im Treppenhaus auf. Und ich halte dagegen und sage, dass Frauen sehr wohl führen wollen. Doch unter anderen Vorzeichen und Bedingungen. Belegen kann ich das anhand unzähliger Beispiele.

Im Young Female Leadership Program[7], das ich gemeinsam mit meiner Trainerkollegin Anja Kirsammer regelmäßig durchführe und das bereits bei der Premiere voll ausgebucht war, berichteten alle Frauen: Ja, sie haben Lust auf Verantwortung, und ja, sie würden gerne eine Führungsposition übernehmen. Einige waren zwar noch leicht verhalten und fragten sich, ob sie in den gegebenen Arbeitsstrukturen eine Führungsaufgabe übernehmen wollten. Dennoch sprachen sie über ihren Wunsch, ein Team zu leiten, gestalten zu können und Einfluss zu haben.

Andere Frauen wiederum berichteten, dass sie eine Führungsaufgabe übernommen hatten, jedoch von ihrer Umwelt als zu laut, zu selbstbewusst und damit unangenehm – man könnte auch umgangssprachlich sagen »bossy« – wahrgenommen wurden. Im Treppenhaus befanden sich also schon alle, einige waren schon ein paar Stufen höher als die anderen, in der Lobby befand sich keine der Frauen mehr.

Das gleiche Bild zeigte sich in den Interviews zur Studie »Frauen wollen führen – aber unter anderen Vorzeichen«, die ich 2021/2022 publizierte. Während sich die einen in ihrer Führungsaufgabe nicht wiederfanden, weil sie sich zu sehr der männlich dominierten Welt hätten anpassen müssen, sprachen die anderen Frauen davon, dass sie in der derzeitigen Arbeitsrealität nicht führen wollen. Zu sehr missfallen ihnen die politischen Spiele, zu sehr müssten sie sich einen Führungsstil aneignen, den sie nicht präferieren, zu unflexibel erscheinen ihnen Arbeitsstrukturen und Arbeitszeiten, zu wenig könnten sie ihr Privatleben mit dem Berufsleben in einer guten Balance vereinbaren.

So verfestigte sich der Eindruck, dass sowohl stillere Frauen, die noch für sich überprüfen, ob sie in ihrem bestehenden unternehmerischen Umfeld führen wollen, als auch lautere Frauen, die bereits führen oder aber auf jeden Fall einmal Führungsverantwortung übernehmen wollen, an Grenzen stoßen. Denn alle fragen sich, wie es gelingen kann, den Weg vom Treppenhaus zum Aufzug zu finden. Und wie sie die Fahrt nach oben mit einem guten Gefühl und voller femininer Power meistern können.

Warum Frauen, die grundsätzlich gerne führen wollen, dann doch keine Führungsposition anstreben, hat viel mit den vorhandenen Strukturen in Unternehmen zu tun, mit der dort gelebten Unternehmenskultur und mit vielen Rollenbildern und Stereotypen, die immer noch in vielen Köpfen fest verankert sind.

Ellenbogen-Methoden, Buddy-Netzwerke, 70-Stunden-Wochen, 100 Prozent Aufopferung für die Karriere, Führungsstile, die sich an »command and control« ausrichten, Misstrauenskultur etc. sind nicht der Rahmen, in dem Frauen wirken, ihr volles Potenzial entfalten und führen wollen.

Und da unterscheiden sich Frauen mit mehr introvertierten Anteilen kaum von den Frauen mit höheren extravertierten Anteilen. Alle interessieren sich stark für die Rahmenbedingungen und prüfen für sich, ob sie in den Organisationen Akzente setzen und Einfluss nehmen können – oder ob sie aufgrund ihres Tuns und ihrer Art zu führen ständig kritisiert werden. Frauen wünschen sich eine vertrauensvolle Atmosphäre im Unternehmen und wollen respektvollen und wertschätzenden Umgang untereinander, der auch zulässt, offen über Missgeschicke und Probleme zu sprechen. Machtspielchen untereinander oder sich vor dem Management zu profilieren ist weniger das, was Frauen interessiert. Sie setzen auf Zusammenarbeit und weniger auf ein »Sich nach oben durchboxen«.

Doch die alten Strukturen brechen mehr und mehr auf und Frauen sprechen heute viel lauter darüber, dass sie Lust haben, Einfluss zu nehmen, gestaltend in Organisationen tätig zu sein und Menschen zu führen. Es sind viel mehr Frauen geworden, die gleiche Teilhabe fordern und die bereit sind, Verantwortung zu übernehmen. Diese Frauen stehen vor dem Aufzug und lassen sich nicht mehr dazu überreden, die Treppe zu nehmen. Sie möchten entspannt nach oben fahren, und zwar genauso selbstverständlich wie Christian.

Doch dazu wünschen sie sich eine gute Vorbereitung. Und genau dafür ist dieses Buch gedacht. Dieses Buch skizziert den Weg zum

Aufzug, begleitet Frauen während der Fahrt nach oben und vermittelt notwendiges Wissen. Keine Frau braucht mehr erschöpft und enttäuscht im Treppenhaus auf der Strecke zu bleiben.

Das Buch ist für jede Frau gedacht, die Lust auf und Freude an Führung hat. Es ist eine Schritt-für-Schritt-Anleitung, wie eine Frau selbstbewusst, mit Leichtigkeit und empathisch in Führung gehen kann. Oder, um beim Aufzugsbeispiel zu bleiben: fahren kann.

Das Buch beinhaltet viele praktische Tipps für unterschiedliche Persönlichkeitstypen. *Frau kann Chef* soll allen Frauen Sicherheit geben, um in eine Führungsaufgabe hineinzuwachsen. Und dabei eine Führungskraft sein zu können, die sich mit allen ihren weiblichen Eigenschaften zeigen kann. Denn das ist mir wichtig zu betonen: Keine Frau soll ein besserer Mann werden. Frauen sind in ihrer persönlichen und individuellen Art, ihren Herangehensweisen, ihrem Tun gleich viel wert wie Männer.

Dieses Buch ist voll von Hintergrundwissen. Nicht nur zur eigenen Persönlichkeit, zum Weg hin zur Führungskraft, zum Umgang mit den Menschen im Team, für die Verantwortung übernommen wird, sondern auch zu Konfliktgesprächen, zum Umgang mit politischen Spielen und Hierarchien. Außerdem werden auch alle zeitgemäßen Probleme, wie die private Care- und Haushaltsarbeit, Führen in Teilzeit oder Jobsharing und der unter Frauen beliebte Servant-Leadership-Ansatz, beleuchtet.

Anja Kirsammer, Head of Human Resources in einer familiengeführten Holding mit langjähriger Führungserfahrung, Leadership Coach und Trainerin, wird separate Tipps aus ihrer Praxis als Führungskraft und Coach einfließen lassen. Diese markierten **#Leader Tipps** helfen dir dabei, die Erkenntnisse aus dem Buch konkret in deinem Alltag umzusetzen.

Anja und ich arbeiten in unserem eigenen Führungskräfte-Programm, dem Young Female Leadership Program, eng zusammen. Wir haben es Anfang 2022 zusammen entwickelt, vermarkten es gemeinsam und begleiten die Frauen auch gemeinsam als Trainerinnen während des Programm-Durchgangs[8].

In diesem Buch bekommst du alles, was wichtig ist, an die Hand: strukturiert aufbereitete und einfach zu lesende Kapitel mit vielen Praxisbeispielen, von denen du direkt lernen kannst.

Denn eines ist klar und ganz zweifelsfrei: Frau kann Chef! Und zwar so was von.

Kapitel 1

Deine Persönlichkeit

In diesem Kapitel geht es erst mal um dich. Du findest heraus, was dich dazu motiviert, eine Führungsfunktion zu übernehmen. Oder was dich bisher davon abgehalten hat. Und du erfährst, wie du dich selbst gut führst, um eine empathische und verlässliche Führungskraft für andere zu sein.

Du lernst so einiges zu deinen Motiven, deinen inneren Antreibern, aus denen du viel Motivation für dein Leben ziehen kannst. Außerdem bekommst du Impulse zu deinen eigenen Glaubenssätzen, die dich bis jetzt durch dein Leben getragen haben. Du darfst dich damit auseinandersetzen, was du über Führung denkst. So kannst du abgleichen, ob dir deine Glaubenssätze weiterhin als Wegbegleitung wichtig sind. Oder magst du sie lieber loslassen, weil sie dich in deiner Entwicklung als Führungskraft nicht unterstützen?

Führungsfrauen-Persönlichkeiten

Fragst du dich manchmal auch, ob nur du dich für Führungsverantwortung interessierst oder ob es anderen Frauen auch so geht? Interessant zu wissen, ob eigentlich fast jede Frau den Wunsch nach Führung – und damit nach Einflussnahme und Gestaltung – in sich trägt oder ob es bestimmte Frauentypen sind, die sich das wünschen und auch zutrauen.

Ich habe die Erfahrung gemacht, dass manche Frauen ihre Absicht sehr unerschrocken kundtun, während andere zuerst in Ruhe darüber nachdenken und nicht mit anderen Menschen intensiv darüber sprechen. Und entgegen der manchmal gängigen Meinung, dass ruhige und introvertierte Frauen keine Führungsambitionen haben, kann ich sagen: Das stimmt nicht. Auch introvertierte Frauen beschäftigen sich mit der Fragestellung, ob sie führen wollen, und schließen das nicht für sich aus. Denn nicht nur die lauten, vermeintlich selbstbewussten Frauen haben Lust auf Einflussnahme und Gestaltungsoptionen.

Deshalb will ich keine Frau, die sich mit Führung beschäftigt, unerwähnt lassen. Ich habe folgende Persönlichkeiten ausfindig gemacht:

- Frauen, die bereits führen und für sich herausgefunden haben, dass sie in ihrem männlich geprägten Umfeld am besten klarkommen, wenn sie sich auf das Spiel einlassen und selbst männlich interagieren.
- Frauen, die bereits führen, die sich allerdings weniger an das patriarchalisch geprägte System angepasst haben. Sie treten insgesamt weniger männlich auf. Diese Frauen sind oft nicht in dem Maße erfüllt, denn sie leiden an dem bestehenden System und fühlen sich als Frau mit ihren femininen Eigenschaften weniger wertgeschätzt.
- Frauen, die bereits in einer Führungsposition gearbeitet haben und keine Lust mehr auf diese Position verspüren wegen vieler Grabenkämpfe im patriarchalisch geprägten System.
- Frauen, die führen wollen, sich jedoch keine männlichen Attribute aneignen wollen, sondern mit ihren femininen Attributen gleichwertig anerkannt werden möchten.
- Frauen, die führen wollen, die Gender-Probleme jedoch in ihrem Umfeld nicht wahrnehmen und deshalb keine Vorbehalte in Bezug auf das System haben.
- Frauen, die diese männlich geprägte Arbeitsrealität abschreckt und die deshalb erst gar nicht führen wollen. Sie haben keine Lust, sich immer behaupten zu müssen, und empfinden den Gedanken daran schon als sehr energieraubend.

Dann gibt es selbstverständlich noch all die Frauen, die aus ihrer Sozialisation heraus keine Führungsaufgabe übernehmen möchten, weil sie sich das nicht zutrauen oder weil ihnen die patriarchalisch geprägte Arbeitswelt maximal unsympathisch ist.

Diese Frauen sollen nicht unentdeckt bleiben, denn vielleicht hilft ihnen der Ausblick darauf, dass zukünftig noch viel mehr Frauen führen und damit die Arbeitswelt mit ihren femininen Eigenschaften prägen werden. Also alle Bedürfnisse mit hineinbringen, die Frauen haben, um ihr volles Potenzial entfalten zu können. Und das macht sicherlich Lust auf mehr Verantwortungsübernahme und der Wunsch zur Gestaltung und Mitbestimmung wird sicherlich bei vielen Frauen größer.

Diese unterschiedlichen Frauen-Persönlichkeiten konnte ich ausfindig machen. Einige Frauen tragen einen größeren Anteil an Extravertiertheit in sich. Sie scheuen sich nicht, laut darüber zu sprechen, was sie wollen und was sie können. Sie fordern eine verantwortungsvolle Aufgabe für sich ein. Doch ab und an stoßen sie sich auch den Kopf an. Sie wirken auf andere Menschen zu fordernd und werden als sehr unangenehm empfunden. Mit dem, was sie tun, wie sie auftreten und wie sie reden, ähneln sie Männern. Und das schreckt andere Menschen ab, die Rollenbilder im Kopf haben, die es nicht zulassen, dass Frauen unerschrocken, voller Tatendrang und Selbstvertrauen an die Arbeit gehen. Die Rollenbilder der Menschen sagen ihnen, dass es einer Frau besser zu Gesicht steht, zurückhaltend zu sein und nicht zu fordernd. Vor allem nicht zu laut und selbstbewusst zu sein. Und genau hier stoßen diese Frauen an Grenzen. Sie entsprechen in ihrer Extravertiertheit nicht dem Klischee. Oft ziehen sie sich, weil sie so auf Widerstand stoßen, von einer Führungsaufgabe zurück und gründen ihr eigenes Unternehmen.

Andere Frauen gelangen erst gar nicht in eine Führungsposition. Weil sie introvertiertere Anteile in sich tragen, ruhiger sind, sich nicht so laut äußern. Diese Frauen werden gerne einmal übersehen, weil sie sich selbst nicht »laut« genug positionieren. Ihnen wird dann gerne fehlender Mut oder mangelnde Durchsetzungsfähigkeit vorgeworfen. Doch damit wird man ihrem Naturell nicht gerecht, weil von ihrer Außenwirkung darauf geschlossen wird: Diese Frauen bringen auch keine Führungskompetenzen mit. Und hier ist bedauerlicherweise ein altbekannter Wahrnehmungsfehler im Spiel. Davon lassen sich die introvertierten Frauen leider auch immer wieder beeindrucken und ziehen sich dann enttäuscht und verletzt noch mehr zurück.

Erkennst du dich in einer dieser Persönlichkeiten wieder? Oder vielleicht treffen sogar mehrere der Merkmale auf dich zu? Dann kann ich dir versichern: Du bist keine Exotin. Sondern sehr vielen anderen Frauen geht es wie dir. Wie du dich selbst klarer sehen kannst, liest du auf den folgenden Seiten.

Es liegt mir schwerpunktmäßig nicht am Herzen, den Organisationen zu erklären, wie Frauen ticken. Es ist mir wichtig, dich als Frau zu ermutigen, dich mit deiner Persönlichkeit auseinanderzusetzen und dich selbst so wertzuschätzen, wie du bist, mit all deinen Stärken und Talenten. Es ist so wichtig, dass du deine Stärken und Talente dem Arbeitsmarkt nicht entziehst, sondern unsere Businesswelt aktiv mitgestaltest. Voller Zuversicht, Freude, Selbstvertrauen und innovativer Ideen.

Wenn du andere führen willst, führe zuerst dich selbst

In vielen Ratgebern für Führungskräfte ist nachzulesen: Der erste Schritt zum Erfolg ist die Selbsterkenntnis und die Selbstführung. Viele Führungskräfte-Coaches sagen das auch und arbeiten genau daran als Erstes mit ihren Coachees.

Je besser du dich selbst kennst, desto einfacher fällt dir der Umgang mit anderen. Weil du ganz genau weißt, warum du gerade etwas gut findest oder warum dich etwas nervt oder sogar massiv abstößt.

Du weißt genau, was es ist, was dich ärgert. Oder traurig macht. Denn du kennst deine Stärken und Schwächen.

Nehmen wir an, bevor du dich mit dir selbst als Führungspersönlichkeit beschäftigt hast, hätte dich vielleicht folgende Situation extrem geärgert. Und du hättest mindestens eine Nacht nicht richtig schlafen können. In einem Gespräch unter vier Augen sagte dein Mitarbeiter zu dir: »Du musst dich ja auch nicht vom Kunden beschimpfen lassen, denn für das Abfangen solcher Schimpftiraden hast du ja jetzt mich.« Für dich klingt das ein bisschen vorwurfsvoll und du hast das Gefühl, dein Mitarbeiter unterstelle dir, dass du nicht mehr weißt, wie hart es im Vertrieb zugeht. Es kommt dir so vor, als denke er, dass du keine Ahnung mehr davon hast, wie unangenehm es ist, wenn Kunden ihre Wut an einem auslassen.

Früher hättest du vielleicht gedacht: »Was für eine Frechheit von ihm. So abgehoben bin ich ja nun auch nicht. Hält er mich jetzt für überheblich, weil ich die Kundenbeschwerden nicht mehr in dem Maße mitbekomme und sie auch nicht mehr kläre? Wie kann er nur so wenig Verständnis für mich haben? Wo ich mich doch so ins Zeug lege für mein Team. Da kann ich nicht auch noch die Kundenbeschwerden abfangen. Oder doch?«

Du hättest dich nachts im Bett hin und her gewälzt und dich sehr über seine freche Aussage geärgert.

Heute ist dir bewusst: Du hast ihn genau deshalb eingestellt, weil du mittlerweile eine andere Rolle ausübst. Und du weißt, dass du früher auch unangenehme Kundengespräche geführt hast, damals im After Sales. Doch abgehoben bist du in keinem Fall, denn die Führungsaufgabe ist nun deine neue Rolle. Für Kundenbeschwerden hast du nun ihn eingestellt. Das ist auch okay, denn das ist jetzt seine Rolle und Aufgabe, die Kunden zu besänftigen. Du lässt dich auch nicht mehr triggern, sondern antwortest ihm zwischenzeitlich: »Ja, genau, dafür habe ich ja nun dich. Das ist nämlich deine Aufgabe hier im Unternehmen.«

Nachdem du dich mit dir selbst auseinandergesetzt hast, weißt du nun, was dich triggert, verletzt und aufwühlt. Du kannst folglich alles, was dich stutzig macht, entweder in deinem persönlichen »Mülleimer« entsorgen oder du suchst das Gespräch mit der Person, deren Aussagen oder Fragen dich beschäftigen. Das erleichtert dein Leben ungemein: Hintergründe und Zusammenhänge zügig erklären können, wenn Konfliktsituationen auftauchen. Und das funktioniert eben nur, wenn du dich selbst gut kennst.

Viele Menschen sind massiv unglücklich in ihren Lebens- und Arbeitsstrukturen und können nicht sagen, was es ist, was sie stört. Weil sie die sogenannte »inner work« nicht gemacht haben. Doch ohne die Arbeit an sich selbst gelingt in den seltensten Fällen die Arbeit mit anderen. Und führen gelingt nicht, wenn du dich selbst nicht führen kannst.

#Leader Tipp von Anja

Bevor du andere führen kannst, musst du dich selbst führen lernen und dafür ist es wichtig, sich seiner selbst bewusst zu werden. Das bedeutet, sich intensiv mit sich selbst auseinanderzusetzen.

Finde daher Antworten auf die Fragen:

- Wie bist du?
- Warum bist du so geworden?
- Welche Menschen und deren Überzeugungen sowie welche Erfahrungen haben dich geprägt?
- Welche Glaubenssätze sind dadurch entstanden, die dich heute noch unbewusst steuern?
- Wohin willst du, was sind deine Ziele und welche Bedürfnisse/Motive stehen dahinter?

Du wirst sehen: Nichts ist befreiender und erhellender, als sich selbst gut zu kennen.

Im Weiterbildungsprogramm für angehende Führungskräfte wird oft der LINC Personality Profiler[9] eingesetzt. Das ist ein Fragebogen, dessen Auswertung Rückschlüsse auf die Persönlichkeit des Probanten erlaubt und anschaulich darstellt. Damit können sich Menschen mit der eigenen Persönlichkeit vertrauter machen. Denn unser menschliches Verhalten ist Teil unserer Persönlichkeit.

Wir selbst finden unser Verhalten meistens ganz normal. Doch manchmal »stolpern« wir selbst darüber und können uns nicht erklären, warum uns beispielsweise der Auftritt auf einer Bühne vor 50 oder mehr Leuten so nervös werden lässt und wir das gar nicht machen wollen. Oder warum es uns in manchen Situationen schwerfällt, auch mal andere reden zu lassen und uns selbst zurückzunehmen. Dann ist es immer sehr erleichternd, wenn wir wissen, warum das so ist. Warum es uns viel Mühe kostet und warum wir am liebsten vor etwas davonlaufen würden. Oder warum wir uns besser mal auf die Zunge beißen sollten.

Persönlichkeitsfragebögen sind aus meiner Sicht immer ein guter Anstoß zur Selbstreflexion und zur persönlichen Weiterentwicklung. Denn aus den Ergebnissen lassen sich viele Handlungsimpulse setzen, gerade für Führungsarbeit, Kommunikation und Zusammenarbeit.

Andere Menschen finden übrigens unser Verhalten ebenso häufig befremdlich. Es stößt sie in manchen Situationen ab. Und wir finden das Verhalten anderer Menschen vielleicht auch ganz schrecklich. Sie irritieren uns, sie sind uns fremd. Doch wenn wir mehr über ihre Persönlichkeit erfahren, dann lernen wir vieles auch besser verstehen und können manches ganz anders einordnen.

Nicht zu vergessen: Wir verstehen andere nicht nur besser, sondern wir können von anderen Persönlichkeiten auch dazulernen.

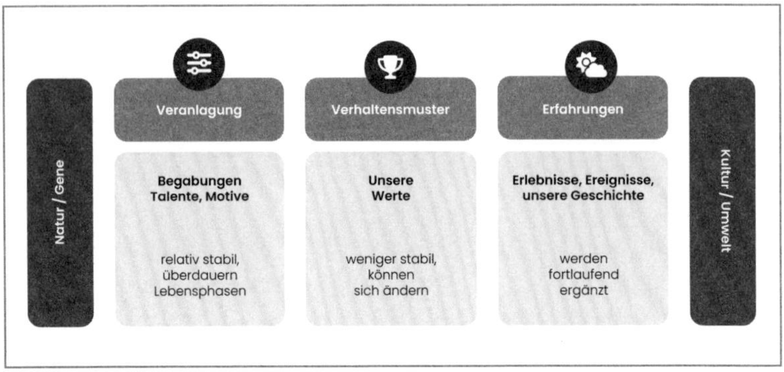

Abbildung 1: New Big Five Modell der Persönlichkeit, in Anlehnung an Dan P. McAdams & Jennifer L. Pals / Northwestern University[10]

Wenn du eine Reise zu dir selbst unternimmst, dann wirst du immer mit der Entstehung und Entwicklung deiner Persönlichkeit konfrontiert. Damit du auf der Reise klarkommst, ist es am besten, wenn du ein persönliches »Google Maps« installierst, damit du dich – in dir und mit dir – nicht verfährst.

Solch eine Karte – zum besseren Verständnis deiner Eigenschaften und Verhaltensweisen – stammt von Dan P. McAdams & Jennifer L. Pals von der Northwestern University. Sie haben mit anderen Forschenden das Modell der »New Big Five« entwickelt. Mir gefällt das Modell deshalb so gut, weil es leicht verständlich ist.

Die große Frage lautet: Welche Einflüsse formen eigentlich unsere Persönlichkeit? Und wer bzw. was ist dafür verantwortlich, dass wir so fühlen und handeln, wie wir es tun?

Das Modell hat drei zentrale Aussagen (Säulen), die von unseren Genen, also der Natur, und von der Umwelt, in der wir leben, der Kultur, eingefasst sind. Unser ganzer Charakter ergibt sich aus all diesen Bereichen.

Gene / Natur

Wir Menschen werden mit unterschiedlichen genetischen Veranlagungen geboren. Wir haben nicht alle das gleiche Geschlecht, sind unterschiedlich groß, haben verschiedene Haar- und Augenfarben etc.

Veranlagung

Ebenso kommen wir mit diversen Veranlagungen auf die Welt: Begabungen, Talente und verschieden ausgeprägte Intelligenzen, wie beispielsweise mathematisches Denken, räumliches Denken, sprachliche Intelligenz, musikalisches und/oder sportliches Talent.

Und wir haben Motive, wie zum Beispiel das Streben nach Beziehung oder Unabhängigkeit, nach Werten und Sinn, nach Leistung, Einfluss, Kreativität, Lebensstil, Wachstum oder Sicherheit.

Anlagen und Motive sind relativ stabil. Sie entfalten sich, wenn du auf die für dich passenden Umweltbedingungen triffst. Und sie verändern sich im Laufe eines Lebens kaum.

Aber: Wie groß ist beispielsweise schon im Elternhaus die Chance, uns entfalten zu können? Was wird gefördert? Wird die Veranlagung überhaupt erkannt?

Die Entfaltungsmöglichkeit kann eingeschränkt sein, die Umwelt ändert jedoch wenig an der Veranlagung selbst.

Um es noch etwas besser zu verstehen, ist es wichtig zu wissen, was deine Motive sind. Nach dem LINC Personality Profiler (siehe Abbildung und Beschreibung auf den nächsten Seiten) gibt es folgende menschliche Motive: Beziehung, Werte + Sinn, Lebensstil, Leistung, Wachstum, Kreativität, Einfluss, Unabhängigkeit und Sicherheit.

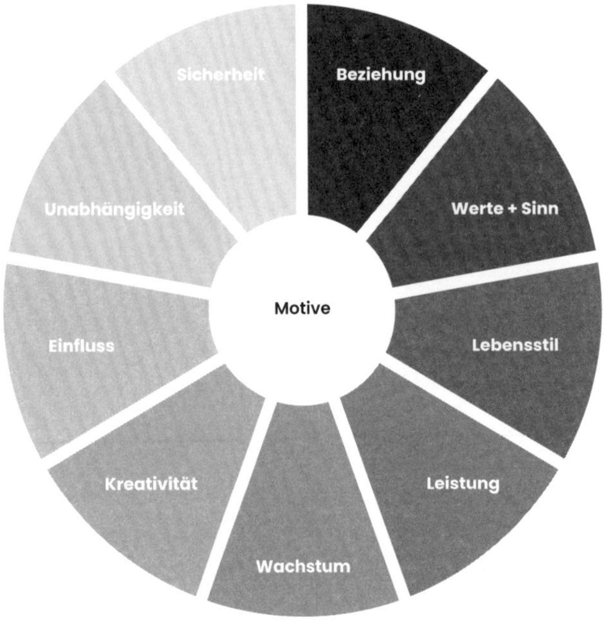

Abbildung 2: Unsere Motive, in Anlehnung an die Motive nach dem Personality Profiler, Effektive Persönlichkeitsentwicklung mit dem BIG FIVE Persönlichkeitstest von LINC[11]

Das Beziehungsmotiv – das Streben nach ...

- Aufbau, Aufrechterhaltung und Wiederherstellung von Beziehungen,
- Zugehörigkeit zu einem sozialen Netz,
- Gemeinschaft, Geselligkeit und Geborgenheit in einer Gruppe,
- Freundschaft und Loyalität innerhalb der Gemeinschaft,
- dem gemeinsamen Erreichen von Zielen in einer Gruppe statt allein.

Das Wertmotiv – das Streben nach ...

- einer Tätigkeit, die den eigenen Werten entspricht und es möglich macht, diese auch mit Leben zu füllen,
- einen selbst wahrgenommenen Sinn in der eigenen Tätigkeit,
- einem Umfeld oder einer Aufgabe, in der du deinen Idealismus nicht unterdrücken musst, sondern dieser akzeptiert und geteilt wird.

Das Lebensstilmotiv – das Streben nach ...

- Integration privater und familiärer Bedürfnisse in die Karriereplanung,
- einem erfüllten Leben voller positiver Eindrücke und Zufriedenheit,
- Unterstützung seitens des Arbeitgebers bei einer gesunden Balance aus Arbeit und Erholung,
- modernen Modellen der Lebensführung.

Das Leistungsmotiv – das Streben nach ...

- Erfolg, ausgedrückt durch einen ausgeprägten Ehrgeiz,
- Aneignung von Fachkompetenz und einer kompetenten Ausführung übertragener Aufgaben,
- einem positiven Selbstwertgefühl durch gezeigte Leistung,
- Möglichkeiten, sich durch Leistung von anderen zu differenzieren.

Das Wachstumsmotiv – das Streben nach ...

- Persönlichem und beruflichem Wachstum und ständiger Weiterentwicklung,
- dem Meistern immer größerer Herausforderungen in allen Lebensbereichen,
- dem Erreichen von Zielen, die zunächst unerreichbar erscheinen,
- dem Austesten und Verschieben der eigenen Grenzen im Wettbewerb,
- dem Wunsch, das Besondere zu erreichen.

Das Kreativmotiv – das Streben nach ...

- dem Ausleben des eigenen kreativen Potenzials,
- dem Finden völlig neuer Problemlösungen für komplexe Herausforderungen,
- Befriedigung der eigenen Neugier und Aneignen neuen Wissens,
- selbstständigem und unorthodoxem Denken ohne Beschränkungen und Vorgaben.

Das Einflussmotiv – das Streben nach ...

- Möglichkeiten zur Einflussnahme auf das eigene Leben und das eigene Umfeld,
- einem positiven Selbstwertgefühl durch Prestige und Anerkennung,
- Führungspositionen, die Verantwortung, Sichtbarkeit und Macht beinhalten,
- Überlegenheit und Dominanz in sozialen Strukturen,
- einer nach außen hin demonstrierten Stärke und Sicherheit.

▶▶▶

Das Unabhängigkeitsmotiv – das Streben nach ...
- einem hohen Maß an Eigeninitiative und Autonomie bezüglich sämtlicher wichtiger Lebensbereiche,
- persönlichem Wachstum und Selbstverwirklichung,
- selbstständiger Aufgabenerfüllung und Entscheidungsspielraum,
- dem Impuls, sich beruflich selbstständig zu machen.

Das Sicherheitsmotiv – das Streben nach ...
- einer möglichst stabilen Lebenssituation mit einer festen Partnerschaft sowie langfristigen und belastbaren Freundschaften,
- einem gesicherten Arbeitsplatz,
- einem sicheren Wohnort ohne Kriminalitätsprobleme und mit einer verlässlichen Justiz.

Meistens sind zwei oder drei dieser Motive bei uns Menschen besonders ausgeprägt. Diese Motive sind die inneren Antreiber, die bestimmen, was Menschen tun, um beispielsweise ihr Bedürfnis nach Unabhängigkeit oder Einfluss zu erfüllen.

Motive werden schon in der frühesten Kindheit angelegt. Sie machten uns zu dem, was wir heute sind, und sind sehr stabil. Wir richten unsere Handlungen und unsere Ziele nach ihnen aus. Unsere Bedürfnisse, die wir in den verschiedenen Lebensbereichen verspüren, haben sehr viel mit unseren Motiven zu tun. Manchmal beflügeln uns unsere Motive, doch manchmal stehen sie uns im Wege. So stand mir mein Motiv der Unabhängigkeit – als ich mich noch im Angestelltenverhältnis befand – im Weg und irgendwann erkannte ich, dass ich als selbstständige Unternehmerin das Motiv besser ausleben kann.

Ich gebe dir hierzu gerne noch ein paar Beispiele aus der Praxis: Wenn du als Motiv Werte und Sinn erkannt hast, dann suchst du dir eine Betätigung, die dich mit Sinn erfüllt. Vielleicht bist du dann nicht so sehr für regelmäßige Netflix-Abende zu haben, sondern engagierst dich in dieser Zeit lieber aktiv in einem Ehrenamt. Und du magst nicht in einem Unternehmen arbeiten, bei dem du deinen Idealismus komplett am Eingang abgeben musst. Du arbeitest vielleicht nicht so gerne bei einer Kreuzfahrt-Reederei oder einem Autobauer, weil dir der Umweltschutz wichtig ist.

Wenn dein Motiv Sicherheit ist, dann möchtest du nicht regelmäßig in eine andere Stadt ziehen und dort neu beginnen. Und du magst auch keine wechselnden Freundschaften. Du kannst dir auch nicht vorstellen, selbst ein Unternehmen zu gründen, weil das einige Risiken birgt.

Wenn dein Motiv Kreativität ist, dann suchst du dir Aufgaben, bei denen du dich kreativ ausleben kannst. Dann bist du die, die das Event organisiert, die Präsentation erstellt oder den Laden / das Büro einrichtet. Zahlen in eine Tabelle tippen begeistert dich eher nicht.

Dir sollte also immer bewusst sein, dass Konflikte dort entstehen, wo Menschen von unterschiedlichen Motiven angetrieben werden. Sehr wichtig zu verinnerlichen: Kein Motiv ist besser oder schlechter als das andere. Niemand hat die Weisheit für sich allein gepachtet, niemand ist besser als der Mitmensch. Alle streben nach ihren eigenen Motiven. Und das gilt es zu verstehen.

Auch als Führungskraft kann es deshalb zu Konflikten kommen. Hierzu ein paar Beispiele aus der Praxis: Du hast als Motiv Werte und Sinn und sprichst daher regelmäßig über den Purpose des Unternehmens. Das Motiv deiner Mitarbeiterin ist allerdings Sicherheit. Sie möchte regelmäßig ihr festes Gehalt beziehen. Der Unternehmenspurpose ist ihr eher unwichtig.

Hier kann es nun schnell passieren, dass du sie als materiell getriebene Spießerin betitelst und sie dich als naive Idealistin. Es wäre schade, wenn das passiert, denn damit beachtet ihr beide nicht die Motive der jeweils anderen. Und kein Motiv ist besser oder schlechter als das andere.

Vielleicht ist dein Motiv auch Leistung. Du bist ehrgeizig und willst deine Jahresziele immer schon deutlich vor Jahresende erreichen.

Bei deinem Mitarbeiter ist jedoch das Motiv Kreativität sehr stark ausgeprägt. Er probiert sich gerne aus, ist neugierig auf neue Projekte und ist auch künstlerisch recht talentiert. Die Jahresziele hat er – aufgrund seiner Experimentierfreude – nicht immer so im Blick.

Es wäre definitiv falsch zu sagen, dass du »karrieregeil« bist und dein Mitarbeiter »der verrückte Künstler« ist. Hier ist auch kein Motiv besser oder schlechter.

Möglicherweise ist das Motiv Beziehung bei dir stark ausgeprägt. Du willst, dass dein Team viel miteinander unternimmt, sich eng vernetzt und im stetigen Austausch ist. Du willst, dass das Team Ziele miteinander erreicht. Eine deiner Mitarbeiterinnen hat jedoch das Motiv Unabhängigkeit. Sie mag es, sehr eigeninitiativ, sehr autonom zu arbeiten und sich in ihrer Arbeit selbst zu verwirklichen. Im Team aufzugehen ist nicht so ihr Ding. Auch hier wäre es ungünstig, dich als Teamglucke und sie als Egoistin zu bezeichnen. Ihr habt einfach unterschiedliche Motive, die euch antreiben, und dadurch andere Bedürfnisse.

Es ist also sehr wichtig, die eigenen Motive zu kennen. Sie sind der emotionale Antrieb deines Handels und steuern, welche Ziele du im Leben erreichen willst. Und genauso wichtig ist es, auch die Motive deiner Mitmenschen zu kennen. Denn dann kennst du deren Motor, warum sie etwas tun. Du weißt, was sie motiviert. Und du kannst mit der Kenntnis darüber und einem entsprechenden Führungsstil positiv darauf einwirken.

#Leader Tipp von Anja

Menschen handeln in der Regel immer für sich, also um ein eigenes Bedürfnis zu befriedigen, und selten bewusst gegen jemand anderen, also um beispielsweise diese Person bewusst zu ärgern.

Verinnerliche diese Sichtweise, diese Haltung. Sie kann dir in konfliktreichen Situationen helfen, ruhig und lösungsorientiert zu bleiben. Wenn du dann noch die Motive der Person kennst, also wenn du weißt, was sie antreibt – wie beispielsweise Beziehung, Leistung, Unabhängigkeit –, hast du oft sogar eine Erklärung für ihr Verhalten.

Verhaltensmuster

In der Mitte des New-Big-Five-Persönlichkeits-Modells siehst du Folgendes: Unsere Gene und die Umwelt, in der wir aufwuchsen und leben, treffen hier aufeinander. Wir lernen in unserer Kindheit und frühen Jugend schon, wie wir am besten im Leben zurechtkommen. Wir entwickeln Verhaltensmuster. Beispielsweise leisten wir viel, wenn wir merken, dass wir dafür geliebt werden. Oder wir schweigen bei Konflikten, weil man das zu Hause so vorgelebt bekommt. Wir lernen, wie man dies oder jenes tut.

Kennst du das auch? Eigentlich würdest du an Weihnachten endlich einmal mit deinem Partner oder deiner Partnerin im Norden von Schweden die Polarlichter bestaunen. Doch seit Jahren feiert ihr Weihnachten bei den Eltern. Du traust dich gar nicht, diese Tradition zu brechen. Denn das wurde schon vor 60 Jahren so gemacht: Die ganze Familie kommt an Weihnachten zusammen.

Wir eignen uns also Wertesysteme an, die unserem Verhalten als Orientierung dienen. Und holen uns Menschen an unsere Seite, die unsere Werte teilen. Die wie wir beispielsweise im Naturschutzbund oder im Musikverein sind oder in einer Partei.

Wir entwickeln Routinen, die uns sicher, gut und energieeffizient durch den Alltag bringen. Dazu gehören auch Strategien, wie wir am besten unsere Ziele erreichen. Vielleicht haben wir gelernt, dass wir mit einem freundlichen Lächeln schneller ans Ziel kommen.

Erfahrungen

Unsere Erfahrungen prägen auch unsere Persönlichkeit. Unsere prägenden Jahre sind die Jahre unserer Kindheit und unserer frühen Jugend. Und die haben einen großen Einfluss auf uns.

Alle Erlebnisse, die mit unserer Erziehung oder Ereignissen im sozialen Umfeld zu tun haben – sowie auch weltpolitische und gesellschaftliche Ereignisse – wirken sich stark auf unsere Persönlichkeit aus.

Ich habe noch Kindheitserinnerungen an die Atomkraftwerk-Katastrophe in Tschernobyl im April 1986. Auch an spätere Ereignisse, wie zum Beispiel an die Wiedervereinigung von BRD und DDR im Jahr 1990, erinnere ich mich sehr gut. Ebenso prägten mich die Geschehnisse rund um den 11. September 2001, als die Flugzeuge in den beiden World-Trade-Center-Türmen in New York in Flammen aufgingen und der ganzen westlichen Welt der Atem stockte aufgrund dieses unvorstellbaren Terroranschlags.

Lebensgeschichten und Erlebnisse beeinflussen unsere Persönlichkeit. Das, was uns in Zukunft passiert, nehmen wir – wenn es dann so weit ist – vor dem Hintergrund dessen wahr, was uns in der Vergangenheit passiert ist, und deuten es entsprechend um.

Wir haben vor etwas Angst; bei der gleichen Sache würden andere Menschen nicht einmal mit der Wimper zucken. Oder wir freuen uns auf ein Ereignis, das anderen Menschen eher Sorge bereiten würde. Manchmal erscheinen uns Reaktionen anderer Menschen als völlig überzogen. Oder als passiv. Doch hinter diesem Verhalten steckt ganz sicher eine Geschichte oder ein Erlebnis, das diesen Menschen prägte. Daher macht es Sinn, nicht zu viel zu bewerten, sondern lieber zu hinterfragen.

Unsere Erfahrungen und Geschichten können also einen sehr großen und nachhaltigen Einfluss auf uns haben. Natürlich auch, wenn wir als Führungskraft aktiv werden.

Umwelt / Kultur

Wir sind der Umwelt ausgesetzt. Dem Umfeld, in dem wir leben und uns bewegen. Auch dieser Einfluss von außen prägt uns sehr. Hieraus sind unsere Verhaltensroutinen entstanden, wie sich ebenso unsere Erfahrungen gebildet haben.

Zusammenfassend kann man feststellen, dass unser ganzer Charakter, unser Wesen, sich aus all diesen Bereichen ergibt. Unsere Motive und Werte bestimmen, wie wir uns verhalten und unser Leben führen. Das ist auch das, was man nach außen sieht, also die Wirkung, die wir erzielen.

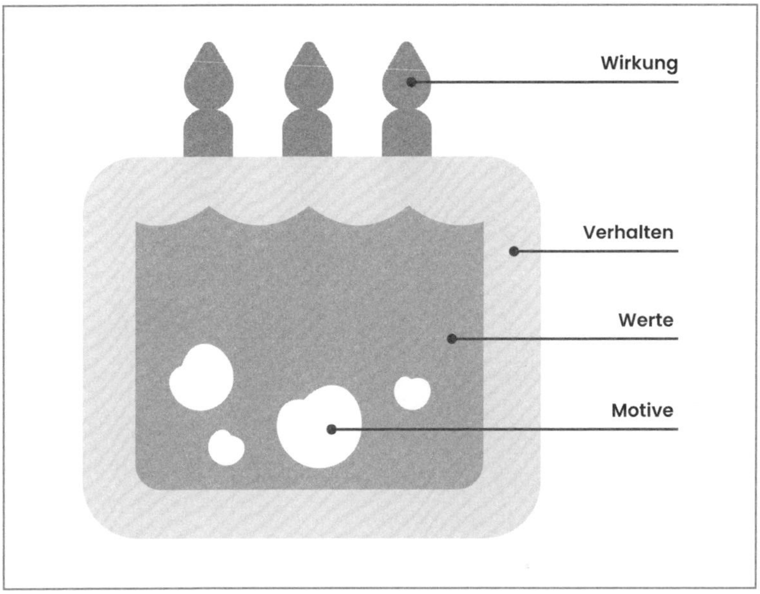

Abbildung 3: Die Ebenen der Persönlichkeit, erklärt an einer Schichttorte

Über die Wichtigkeit, deine Werte zu kennen, erfährst du mehr im folgenden Kapitel.

Und nun komme ich zu einem letzten wichtigen Punkt deiner Persönlichkeit. Nämlich zu deinen Stärken. Aus Erfahrung weiß ich, dass es uns Menschen einfacher fällt, unsere Schwächen zu benennen. Lass dich also nicht entmutigen, wenn dir im ersten Moment des Nachdenkens keine Stärke einfällt. Oft findet man über die vermeintlichen Schwächen zu den eigenen Stärken.

#Leader Tipp von Anja

Bevor du mühevoll versuchst, deine Schwächen zu beseitigen, stärke lieber deine Stärken. Das macht mehr Spaß und dich erfolgreicher. Mache deine Stärke zu deinem USP[12].

Und wie findest du heraus, was deine Stärken sind?

Frage dich selbst:

- **Was fällt dir leicht?**
- **Was macht dir Spaß?**
- **Wann bist du im Flow?**
- **Wofür bekommst du oft Komplimente von anderen?**
- **Welche Herausforderungen in deinem Leben hast du gemeistert, welche deiner Eigenschaften haben dir dabei geholfen?**

Oder frage Menschen, die dich gut kennen:

- **Was schätzt du besonders an mir?**
- **Was sind meine Stärken?**

Mithilfe dieser Fragen kannst du deine Stärken herausfinden. Diese helfen dir auch als Führungskraft. Dann kannst du dich immer darauf besinnen, was dir leichtfällt und worin du richtig gut bist. Und du weißt auch, was dir nicht so liegt. Hier brauchst du Menschen im Team, die das ausgleichen und ihre Stärken einbringen. Wenn ihr voneinander wisst, was jede und jeder richtig gut kann – und was eher nicht –, dann seid ihr unschlagbar als Team. Denn ihr könnt euch wunderbar ergänzen.

Glaubenssätze zu Führung

Jede von uns hat ihre eigenen Glaubenssätze zu der Aufgabe einer Führungskraft. Oder zu Führungsverantwortung. Glaubenssätze sind Sätze, die unser Leben unbewusst prägen. Es sind Sätze oder Statements, die wir bereits als Kinder gehört haben. Es sind Erfahrungen, die wir mit manchen Lebensthemen gemacht und die wir verinnerlicht haben.

Wir wurden von unseren Eltern, Großeltern, Tanten, Onkeln, Erzieher*innen, Lehrer*innen erzogen. Sie haben uns, oft unbewusst, ihre eigenen Glaubenssätze mitgegeben. Oder ihre Erfahrungen an uns weitergegeben bzw. sie uns vorgelebt.

Kennst du auch den Lehrer, der meinte, Mädchen seien in Mathe sowieso nicht gut? Oder erinnerst du dich an deine Mutter, die es nicht guthieß, wenn du zu frech warst und die Jungs geärgert hast? Oder weißt du noch, als dein Vater sagte, dass dein Bruder die Geburtstagsrede für den Opa besser halten könnte als du? Weil er meinte, du wärst zu nervös vor dem Familien-Publikum?

Übung

Schau mal genau darauf, ob du einem Satz oder auch mehreren Sätzen still und leise zustimmen würdest:

- Andere sind besser als ich.
- Ich werde nie bevorzugt.
- Aus mir wird eh nichts.
- Das begreife ich nie.
- Das halte ich nicht durch.
- Das hat bei mir noch nie funktioniert.
- Das macht man nicht, man drängelt sich nicht vor.
- Wenn ich zu viel rede, werde ich als vorlaut wahrgenommen.
- Ich bin einfach ein vorsichtiger Mensch.

- Mir liegt es eben nicht, auf Menschen zuzugehen.
- Ich kann nicht so gut vor anderen sprechen. Männer können das besser.
- Führung ist eher Männersache.
- Frauen sind nicht so durchsetzungsstark wie Männer.
- Männer können besser verhandeln.
- Frauen sind nicht so gute Unternehmerinnen.

Vielleicht hast du solche Sätze in der Kindheit gehört. Vielleicht auch nur unausgesprochen, d.h., es wurde dir entsprechend vorgelebt. Solche Sätze prägen unseren Blick auf die Welt. Auch unser Frauenbild sowie das Bild, das wir von einer Führungskraft haben. Wir glauben, dass es so sein muss. Und sehen es selbst so, weil wir es verinnerlicht haben.

Doch ist es so? Kannst du tatsächlich nicht auf andere Menschen zugehen, oder hast du deine eigene Taktik, neue Leute kennenzulernen? Sprichst du in einem Webinar vielleicht viel selbstbewusster als auf einer realen Bühne? Sind Frauen tatsächlich nicht durchsetzungsstark und eher für die zweite Reihe bestimmt? Wer sagt, dass Frauen keine Unternehmerinnen sein können? Oder keine Führungsaufgabe haben wollen, weil das Männersache ist?

Genau diese Glaubenssätze können dir im Weg stehen, wenn es darum geht, ob du dir eine verantwortungsvolle Position zutrauen würdest. Oder eine Projektleitung. Oder die Rede vor 200 Leuten zum Firmenjubiläum.

Doch wenn du es nicht machst, wer macht es dann? Dein männlicher Kollege? Doch warum er und nicht du? Kann er es tatsächlich besser als du? Ist er wirklich die bessere Führungskraft als du?

Mach dir einfach bewusst, dass Männer so was wie …

1. Das macht man nicht, sich vordrängeln
2. Ich kann nicht so gut vor anderen sprechen
3. Ich bin ein vorsichtiger und eher stiller Mensch

eher selten über sich denken.

Warum solltest du als Frau so über dich denken?

#Leader Tipp von Anja

Glaubenssätze sind tief verankerte Annahmen über uns selbst und darüber, wie die Welt funktioniert.

Und wie entstehen diese?

Wir machen positive wie auch negative Erfahrungen. Diese Erfahrungen prägen unser Verständnis dafür, wie die Welt funktioniert, was gut und was schlecht ist. Wir sehen die heutige Welt also durch die Brille unserer Erfahrungen. Das ist auch der Grund, warum beispielsweise zwei Personen ein und dieselbe Situation ganz unterschiedlich wahrnehmen und bewerten.

Mein Tipp an dich ist daher: Lerne deine »Brille« bestehend aus Glaubenssätzen kennen.

Es gibt positive wie negative Glaubenssätze. Da die negativen oftmals zu Verhaltensweisen führen, die uns blockieren, schauen wir uns diese hier mal an, um sie zu identifizieren und zu eliminieren.

Schaue zunächst, welchem typischen Glaubenssatz du zustimmst:

- Ich bin nicht gut genug.
- Ich muss stark sein.
- Nur wenn ich Leistung bringe, werde ich geliebt.
- Ich kann niemandem trauen.
- Ich darf keine Fehler machen.
- Ich darf nicht wütend sein.
- Ich darf anderen nicht zur Last fallen.
- Ich muss es allein schaffen.
- Ohne Fleiß kein Preis.

Was sind deine innersten Überzeugungen?

▶▶▶

Was glaubst du, wie die Welt funktioniert?

In welchen Situationen reagierst du wie ferngesteuert?

Hinterfrage zunächst einmal, ob dieser Glaubenssatz wirklich immer wahr ist.

Frage dich danach, in welchen Situationen dieser Glaubenssatz dir früher geholfen hat und vielleicht auch heute noch hilft. Sei dankbar dafür.

In welchen Situationen steht er dir aber heute im Weg und welches Verhalten möchtest du ändern?

Formuliere den Glaubenssatz so um, dass er dich bei deinem neuen Verhaltensmuster unterstützt.

Und dann setze dir einen Anker im Alltag, zum Beispiel durch eine Notiz am Spiegel oder Bildschirm.

Kapitel 2

Unternehmenskultur

Hier erfährst du, welche Unternehmenskultur und Strukturen dir guttun, um in deiner Organisation dein volles Potenzial zu entfalten. Denn das ist tatsächlich mit entscheidend dafür, ob du Freude an einer Führungsaufgabe hast. Sind nämlich die Rahmenbedingungen nicht attraktiv, dann haben Frauen meist wenig Motivation, ihr Bestes zu geben. Oder ihre Energie für einen Job in hohem Maße einzusetzen.

Um herauszufinden, welche Unternehmenskultur gut zu dir passt, darfst du dich zuerst wieder mit dir auseinandersetzen. Welche Werte sind dir denn wichtig? Das ist elementar zu wissen, denn nur so kannst du abgleichen, ob die gelebten Unternehmenswerte kompatibel zu deinen Werten sind.

Deinen eigenen Werten auf der Spur

Wenn es nun darum geht, in welcher Unternehmenskultur du dich wohlfühlst, dann ist es wichtig, die eigenen inneren Werte zu kennen. So kannst du immer abgleichen, ob deine Werte und die Unternehmenswerte ähnlich sind. Dabei ist es erst mal zweitrangig, ob du deine Werte als Führungskraft definierst oder als Expertin ohne Führungsaufgabe. Es geht um deine Werte als Mensch.

Während unsere Motive der emotionale Antrieb unseres Handelns sind und steuern, welche Ziele wir im Leben erreichen wollen, bilden unsere Werte den Orientierungsrahmen, an dem wir unser Verhalten ausrichten. Werte sind uns Menschen in der Regel sehr wichtig. Und es geht uns nicht gut, wenn wir gegen unsere Werte handeln oder in einer Umgebung sind, die nicht unseren Wertvorstellungen entspricht.

Werte können sich im Lauf des Lebens verändern, sind also weniger stabil als unsere Motive. Werte werden von unserem Umfeld geprägt, und zwar von unserem privaten wie auch gesellschaftlichen Umfeld.

Hier ein Beispiel für Werte, die sich verändern können: Waren Nachhaltigkeit und Klimaschutz für mich vor 20 Jahren noch kein Wert, so mache ich mir heute viel mehr Gedanken dazu. Klimaschutz ist definitiv einer meiner Werte geworden. Das Auto steht fast nur noch in der Garage, ich laufe stattdessen oder nehme die Öffentlichen, für Geschäftsreisen nutze ich immer den Zug und meinen Fleischkonsum habe ich sehr deutlich reduziert. Da Klimaschutz einen Wert für mich darstellt, orientiert sich auch mein Verhalten daran.

Die Liste der Werte ist sehr individuell. Es gibt nicht die wichtigen und die unwichtigen Werte. Und deshalb gibt es auch keine allgemeingültige wissenschaftlich basierte Wertedefinition. Anders als bei Gesetzen, wie zum Beispiel dem Grundgesetz, gibt es keine Werteübersicht, auf die sich eine Gesellschaft als Ganzes geeinigt hätte.

Wenn du herausfinden willst, ob ein Wert, den du für dich definiert hast, auch wirklich dein Handeln im Leben leitet, dann achte darauf, ob du auch danach handelst. Oder klingt es einfach nur schön, wenn du diesen Wert nennst? Hier ein Beispiel: Vielleicht sagst du, dass Hilfsbereitschaft einer deiner Werte ist. Doch woran erkennen andere Menschen, dass du hilfsbereit bist? Kann man das an deinen Handlungen erkennen? Oder magst du gerne als hilfsbereit gesehen werden, doch unterstützt andere Menschen eigentlich gar nicht in dem Maße? Wenn dem so ist, dann ist Hilfsbereitschaft kein von dir ehrlich formulierter Wert.

Du kannst hier immer auf dein Bauchgefühl hören. Verschafft es dir ein gutes Gefühl, wenn du über deine Werte nachdenkst? Und hast du ein schlechtes Bauchgefühl, wenn du selbst gegen deine Werte verstößt oder andere Menschen dagegen verstoßen?

Einer meiner Werte ist beispielsweise Unabhängigkeit. Als ich meinen Job gekündigt hatte, um mein eigenes Unternehmen zu gründen, hat das bei mir ein gutes Gefühl ausgelöst. Doch für manche Menschen aus meiner Familie oder bei einigen meiner Freunde löste meine Entscheidung Angst aus. Denn Unabhängigkeit ist für diese Menschen kein hoch priorisierter Wert. Ihnen ist Zugehörigkeit viel wichtiger.

Wichtig ist, dass du weißt, wie du tickst, und deine Werte gut kennst. Und selbstverständlich geht es auch darum, zu verstehen, wie andere ticken. Deshalb ist es gut, auch deren Werte zu kennen. Hierbei geht es nie darum, ob deine Werte oder die der anderen besser oder schlechter sind. Es geht nicht um negative Bewertungen oder um Wünsche, die wir an andere haben, dass sie sich bitte ändern mögen. Es geht darum, mit dir selbst und anderen gelassener umzugehen in dem Wissen, dass wir uns alle entsprechend unseren Werten verhalten.

Konflikte, die wir mit anderen Menschen austragen, sind übrigens meist Wertekonflikte. In Bezug auf den unternehmerischen Kontext gibt es auch den sogenannten externen Wertekonflikt. Dazu ein Beispiel: Ein externer Wertekonflikt tritt dann auf, wenn für dich als Führungskraft beispielsweise die Werte Individualität und Selbstbestimmung eine zentrale Rolle spielen, in der Organisation aber die Werte Regelkonformität und Macht große Bedeutung haben.

Interessant ist es, sich die Unternehmenswerte anzuschauen und mit den eigenen Werten abzugleichen. Unternehmenswerte sind die Werte, die eine Organisation nach innen und außen vertritt. Diese dienen oft als Grundlage für Entscheidungen oder dafür wie gehandelt wird. Unternehmenswerte beeinflussen auch gerne einmal das Verhalten des Managements und der Führungskräfte.

Hier gilt es, Augen und Ohren aufzumachen. Werden diese meist auch auf der Homepage formulierten Werte im Unternehmen tatsächlich gelebt? Kannst du als Führungskraft diese Werte mittragen? Und wenn sie nicht gelebt werden, was dann? Wenn sie also auf der Website stehen und nach innen wird etwas ganz anderes gelebt?

Nehmen wir beispielsweise den Wert Mitgestaltung. So könnte es auf der Unternehmenswebsite beschrieben sein: »Wir stehen für Mitgestaltung. Denn gute Produktideen und Innovationen sind meist das Werk von vielen und selten nur von einer Person. Deshalb geben wir unser Bestes, lassen unser Ego zu Hause und arbeiten empathisch daran, als Team Großes zu leisten und zu bewirken.«

Nun stellt sich die Frage, ob du als Führungskraft diesen Unternehmenswert genauso mittragen kannst. Und kannst du das auch vorleben und dein Team wirklich einbinden? Oder wird das weder von der Geschäftsleitung noch von anderen Führungskräften vorgelebt und unterstützt?

Es gilt genau hinzuschauen. Wenn du feststellst, dass du in einem Umfeld unterwegs bist, welches gegen deine Werte verstößt, dann schau, ob du diese Werte mittragen kannst. Und geht das für dich nicht, dann merkst du das direkt an deinem Bauchgefühl. Es kostet nämlich sehr viel Energie, Werte mitzutragen, die nicht die eigenen sind. Und wirklich wohl fühlst du dich in solch einem Unternehmen auch nicht.

Hast du Lust, deine Werte herauszufinden? Magst du erfahren, was dir wirklich wichtig ist im Leben?

Übung

Dann mache doch mal folgende Werte-Übung:

Du benötigst einen Zettel und einen Stift oder dein/-en Computer/iPad und ca. 30 bis 45 Minuten Zeit. Suche dir aus der folgenden Liste zwölf Werte aus, die dir wichtig sind. Die Liste ist möglicherweise unvollständig. Ergänze gerne.

Werte-Liste

Abenteuer Achtsamkeit Akzeptanz Authentizität Balance Beharrlichkeit Beliebtheit Bescheidenheit Beziehung Dankbarkeit Disziplin Effizienz Ehrlichkeit Empathie Entwicklung Erfolg Familie Fantasie Flexibilität Freiheit Friedfertigkeit Fröhlichkeit Geduld Gemeinsinn Gelassenheit Gerechtigkeit Gestaltungskraft Gesundheit Glaubwürdigkeit Großzügigkeit Harmonie Herzlichkeit Hilfsbereitschaft Humor Individualität Intuition Kollaboration Kompromissbereitschaft Konstruktivität Kreativität Kritikfähigkeit Leichtigkeit Leidenschaft Lernbereitschaft Liebe Loyalität Mitgefühl Mut Nachhaltigkeit Nähe Neugierde Offenheit Optimismus Ordnung Perfektion Rationalität Realismus Respekt Sanftmut Selbstbestimmung Sensibilität Sicherheit Sinnorientierung Solidarität Spaß Spiritualität Toleranz Tradition Transparenz Treue Unabhängigkeit Verantwortung Vernetzung Vertrauen Weisheit Wissen Wohlstand Wohlwollen Zugehörigkeit Zuverlässigkeit

Abbildung 4: Eine Auswahl von menschlichen Werten

Schreibe die ausgesuchten zwölf Werte nun untereinander auf. Am besten ist, wenn du nicht zu lange nachdenkst, sondern die Werte-Begriffe aus der Liste zügig auswählst. Welcher Wert gibt dir ein gutes Gefühl?

Wenn du dein Verhalten im Alltag an diesem Begriff orientierst (also danach lebst), dann ist es ein Wert für dich.

Jetzt wird es spannend. Denn jetzt kannst du jeden Wert gegen einen anderen im Kopf abwägen. Nimm den ersten und den zweiten Wert auf der Liste. Ist dir der erste oder der zweite wichtiger?

Ist dir der erste Wert wichtiger, dann mache hier einen Strich. Ist dir der zweite Wert wichtiger, dann mache dort deinen Strich. Dann geht es weiter. Vergleiche den ersten mit dem dritten Wert. Welcher ist dir hier wichtiger? Mache wieder einen Strich beim ersten oder beim dritten Wert. So vergleichst du alle anderen elf Werte immer erst mal mit dem ersten Wert.

Das machst du nun mit allen Wertepaaren, bis du alle zwölf Werte miteinander abgeglichen hast. Die Anzahl deiner Striche zeigt dir dann, welche Werte dir am wichtigsten sind. Schreibe deine Top-5-Werte untereinander auf. Wenn einige Werte die gleiche Anzahl an Strichen haben, dann teilen sie sich einen Platz. Doch mehr als fünf Werte sollten für diese Übung nicht übrig bleiben. Konzentriere dich nur auf diese fünf wichtigsten Werte.

Mein Tipp: Wenn es dir schwerfällt, abstrakte Werte wie Hilfsbereitschaft und Nachhaltigkeit zu vergleichen, dann stelle dir Situationen vor, in denen du dich zwischen den beiden Werten entscheiden müsstest. Wenn du zum Beispiel eine Stunde mehr Zeit am Tag hättest, würdest du die eher in eine soziale Tätigkeit investieren oder würdest du dir Zeit für ein ökologisches Projekt einräumen? Oder öfters auf das Auto verzichten und zu Fuß gehen, was ja auch mehr Zeit kostet.

Jetzt hast du deine Werte gefunden. Wie geht es dir nun damit? Fühlst du dich wohl mit ihnen? Schau dir noch mal alle zwölf Werte an. Du kannst auch tauschen, wenn du das Gefühl hast, dass deine Top-5-Werte noch nicht passen. Du solltest dich unbedingt damit wohlfühlen. Bist du stolz auf sie? Würdest du sie mit anderen teilen und sie auch verteidigen? Schreibe sie dir nun groß auf und hänge sie am besten gut sichtbar auf.

Du kannst diesen Test auch gerne am Arbeitsplatz mit deinen Kolleg*innen durchführen. Denn so könnt ihr die Werte in eurem Team oder in eurem Unternehmen festlegen. Bei jeder schwierigen Entscheidung könnt ihr euch dann daran orientieren. Auch in deiner Partnerschaft ist es schön zu wissen, welche Werte dem Partner oder der Partnerin wichtig sind.

#Leader Tipp von Anja

1. Werde dir deiner eigenen Werte bewusst, zum Beispiel durch die Übung, die Lilian dir an die Hand gegeben hat.
2. Bei der Suche nach einem Unternehmen, welches deine Werte teilt, kannst du auf der Homepage des Unternehmens nachlesen, ob es für dich passen könnte. Ergänze das Bild, indem du dir die Bewertungen der Mitarbeitenden auf Bewertungsportalen – wie beispielsweise kununu – anschaust. Themen, die sich oft wiederholen, sprechen dafür, dass dies ein gelebter Wert oder das daraus resultierende Verhalten ist. Und schau einmal, ob du jemanden in deinem Netzwerk (zum Beispiel bei LinkedIn) kennst: Arbeiten Personen dort oder kennen diese wiederum andere, die dort tätig sind? Und stelle dann die Frage, was ihrer oder seiner Meinung nach in der Zusammenarbeit gut läuft und was weniger.
3. Dein Bauchgefühl ist ein gutes Navigationssystem. Fühlt sich etwas richtig an, entspricht es oft den eigenen Werten.
4. Kommuniziere an deine Vorgesetzten und an Mitarbeitende, welche Werte dir wichtig sind, und gib ihnen damit Orientierung. Überlege dir auch, an welchem Verhalten du diesen Wert für deine Mitmenschen erlebbar machst.
5. Falls du einmal von deinen eigenen Werten abweichen musst, dann erkläre, warum.
6. Prüfe insgesamt bei jeder wichtigen Lebensentscheidung, ob diese deinem Wert entspricht oder auf diesen einzahlt.

Und nun fragst du dich möglicherweise, wie du als Führungskraft einen Wertekonflikt mit deinen Mitarbeitenden lösen kannst?

Zuerst einmal ist es wichtig, dass sich alle am Konflikt Beteiligten damit beschäftigen, was das Thema für sie bedeutet. Und welcher ihrer Werte tangiert wurde.

Dann sollte man seine Werte miteinander teilen und erklären, was einen so trifft, verletzt, wütend macht. Natürlich ist es immens wichtig, wertschätzend untereinander zu bleiben. Wie schon erwähnt, gibt es keinen besseren oder schlechteren Wert. Auch wenn du die Werte deines Gegenübers nicht teilst, so bleib dennoch respektvoll. Denn du möchtest ebenso respektvoll behandelt werden, selbst wenn dein Gegenüber deinen Werten nicht zustimmt.

Sobald du beide Seiten verstehst, kannst du versuchen, kreative Lösungen zu finden, Kompromisse zu schließen und Zugeständnisse zu machen, die für alle Beteiligten tragbar sind. Und die Werte aller in einem passenden Maße miteinander vereinbaren.

Doch wenn du merkst, dass es einfach gar nicht stimmt im Unternehmen oder im Team – und du auch nichts aktiv verändern kannst –, dann kommt auch ein Wechsel in Betracht. Hier gilt immer der Satz: Love it, change it or leave it.

Unternehmensinterne Rahmenbedingungen für die Entfaltung deines Potenzials

Den Artikel 3, Absatz 2 des deutschen Grundgesetzes (»Männer und Frauen sind gleichberechtigt. Der Staat fördert die tatsächliche Durchsetzung der Gleichberechtigung von Frauen und Männern und wirkt auf die Beseitigung bestehender Nachteile hin«)[13] hatte ich bereits erwähnt. Und dass es in den deutschen Führungsetagen noch recht unausgeglichen zugeht, wenn man den Anteil von

Frauen in Führung anschaut. So sind lediglich ca. ein Drittel der Führungspositionen durchschnittlich über alle Ebenen hinweg mit Frauen besetzt.[14]

Es stellt sich die Frage: Was ist los mit unserer viel beschworenen Gleichberechtigung? Sind Frauen deshalb nicht gleichberechtigt, weil sie nicht so gut führen können wie Männer? Ganz bestimmt nicht.

Doch jetzt beschäftigen wir uns intensiv damit, was Frauen selbst zu dem Ungleichgewicht in den Führungsetagen sagen. Und dazu ziehe ich gerne meine in den Jahren 2021/2022 publizierte Studie »Frauen wollen führen – aber unter anderen Vorzeichen« heran. Wissenschaftlich unterstützt wurde ich dabei von Prof. Dr. Armin Trost von der Hochschule Furtwangen, der dort im Studiengang »Business Management and Psychology« Arbeits- und Organisationspsychologie lehrt. Mich interessierte, wie Frauen ihre Arbeitsrealität erleben und wie sie zu einer Führungsaufgabe stehen. Wollen sie führen oder nicht? Wer oder was beeinflusst sie? Was motiviert sie? Was hindert sie?

Ich suchte in meinem Business-Netzwerk nach 50 Frauen, die ich interviewen konnte. Sie waren sehr unterschiedlich, was ihre jeweilige Branche, ihr Alter und auch ihren Familienstand anging. So beteiligten sich aus vielen verschiedenen Branchen Frauen, die zwischen 23 und 56 Jahre alt waren. Und die Kinder hatten oder kinderlos waren.

Ich stellte allen Frauen lediglich eine Frage: Was müsste sein, dass du mit einem guten Gefühl eine Führungsposition einnehmen würdest? Ich erfuhr 50-mal die wahre Geschichte aus der Arbeitsrealität der jeweiligen Frau. Das, was von ihr erlebt wurde. Nach den 50 Gesprächen haben wir das Gesagte nach Ähnlichkeiten zusammengefasst. Denn wir waren ja auf der Suche nach den Knackpunkten – den Präferenzen der Frauen hinsichtlich einer möglichen Führungsaufgabe. Und haben dann insgesamt sieben Präferenzen herausgearbeitet, die für diese Frauen wichtig sind, um gerne eine Führungsaufgabe und damit auch Verantwortung zu übernehmen. Das Spannende war: Frauen wollen nicht führen, weil sie sich das nicht zutrauen oder keine Verantwortung übernehmen wollen. Sondern es liegt an den strukturellen und kulturellen Rahmenbedingungen in den Unternehmen, die sie für sich selbst nicht attraktiv genug finden, um eine Führungsposition gerne übernehmen zu wollen.

Unsere Schlussfolgerung: Die Präferenzen der 50 Frauen können genauso auch die Präferenzen anderer Frauen in Bezug auf die strukturellen und kulturellen Rahmenbedingungen sein. Und dem war auch so, denn ich führte zwischenzeitlich noch mindestens 200 weitere Gespräche mit Frauen bezüglich ihrer Führungsambitionen. Auch sie bestätigten mir, dass die derzeitige Arbeitswelt für sie sehr unattraktiv ist, um ihr Potenzial voll einzubringen.

Also gilt es als Organisation – und als angehende weibliche Führungskraft –, ganz genau auf die vorhandenen Strukturen und die Kultur in der Organisation zu schauen. Und dabei herauszufinden, ob Frauen in diesen Strukturen und in dieser Kultur wirklich führen wollen.

Doch was sind die sieben Präferenzen? Diese macht das folgende Schaubild deutlich und ich beschreibe jede einzelne Präferenz näher. Wichtig: Die Präferenzen können nicht in eine Reihenfolge gebracht werden. Bis auf eine. Denn allen Frauen war der ganzheitliche Lebensentwurf sehr wichtig. Die anderen Präferenzen werden als gleich wichtig bewertet. Deshalb ist die Reihenfolge – Präferenz 1 bis Präferenz 7 –, um sie näher zu beschreiben, ganz willkürlich von mir gewählt.

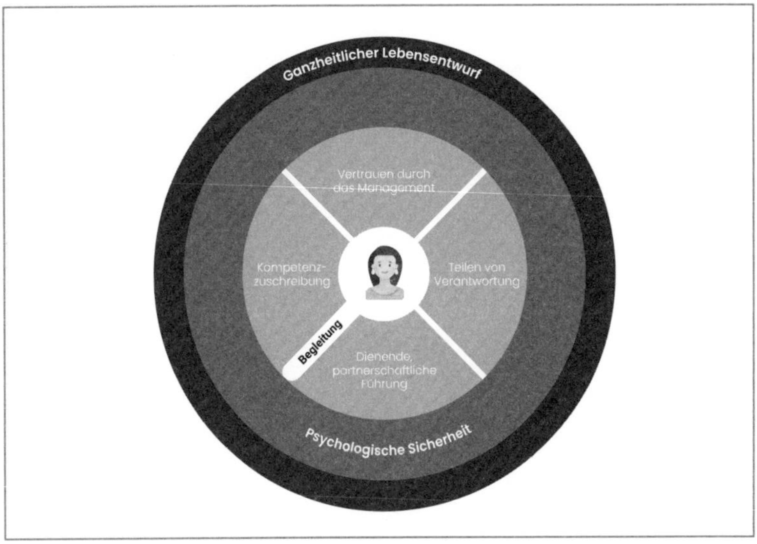

Abbildung 5: Das Präferenzenmodell von Frauen in Bezug auf eine Führungsaufgabe, entwickelt von Lilian Gehrke-Vetterkind und Prof. Dr. Armin Trost

Präferenz Nr. 1: Begleitung in die Führungsrolle

Frauen möchten eine Führungsaufgabe gut vorbereitet angehen. Deshalb wünschen sie sich eine Begleitung, um in die Führungsrolle hineinwachsen zu können. Hier äußerte sich eine der befragten Frauen wie folgt: »Ich brauche Vorbereitung auf diesen Job, ich brauche Input und jemanden, der mir sagt, worauf es ankommt. Wo gibt es noch Entwicklungspotenzial bei mir?«

Frauen möchten sich deshalb auf die Rolle vorbereiten, weil sie sich der Verantwortung, die sie als Führungskraft übernehmen, bewusst sind. Sie gehen mit einem gesunden Respekt an die Aufgabe heran, ein Team anzuleiten. Sie wissen, dass es die richtige Balance zwischen Distanz und Nähe zu ihren Mitarbeitenden braucht. Ebenso sind Fingerspitzengefühl, Empathie und Durchsetzungsvermögen gefordert. Auch gegenseitige Erwartungshaltungen sollen von Anfang an geklärt sein. Und es ist zudem wichtig, informelle Regeln zu erfahren, wenn man als Führungskraft neu in ein Unternehmen kommt.

Die befragten Frauen glauben nicht daran, dass Führung eine intuitive Sache ist, die von allein gelingt. Eine entsprechende Ausbildung, Vorbereitung und Begleitung, zum Beispiel in Form von Sparring, sind daher sehr wichtig für sie. Die Aussage einer der Frauen dazu lautete: »Ich wünsche mir ein gutes Entwicklungsprogramm, bei dem ich sämtliche Faktoren vermittelt bekomme, vor denen ich jetzt noch großen Respekt habe. Ich möchte die Sicherheit haben, dass ich gut vorbereitet bin, bevor ich solch eine Position einnehme.«

Eine Begleitung kann für sie in Form von Mentoring, Coaching oder Weiterbildungen erfolgen. In der Mehrzahl wurde allerdings Mentoring genannt. Frauen sehen in einer Mentorin oder einem Mentor auch einen Türöffner für die möglichen nächsten Karriereschritte. Dazu sagte eine der Frauen: »Ich wünsche mir eine*n Mentor*in und Promotor*in. Jemand, die oder der mir Entwicklungstipps und Hilfestellung gibt. Und jemand, die oder der mich platziert.«

Eine andere formulierte es so: »Man braucht Mentoren und Role Models. Menschen, die einfach an einen glauben und einen auf dem Weg begleiten. Es ist wichtig, dass man Türöffner hat.«

Eine besondere Präferenz, ob die Mentoren von innerhalb oder außerhalb des Unternehmens kommen sollten, hatten die Frauen nicht. Auch nicht, ob es sich dabei um eine Frau oder einen Mann handeln sollte.

Präferenz Nr. 2: Kompetenzzuschreibung

Frauen erwarten, dass sie von der übergeordneten Führungskraft, der Geschäftsführung, den Kolleg*innen und auch dem Team in ihrer Position uneingeschränkt anerkannt werden. Sie wollen nicht als Führungskraft gesehen werden, »obwohl sie eine Frau sind«, sondern weil sie die erforderlichen Fähigkeiten, die Kompetenzen und die Leistungsbereitschaft dazu mitbringen. Hierzu äußerte sich eine der Frauen: »Ich will nicht nur als Mensch wertgeschätzt werden, sondern möchte, dass man meinen Erfahrungen und meinem Können traut. Ich habe es früher in einer Führungsposition erlebt, dass mein Vorgesetzter an meiner Tür vorbeigelaufen ist und meinen Leuten Aufträge gegeben hat. Er hat das immer unterlaufen, was ich mit meinem Team organisiert habe.«

Das Geschlecht darf im Zusammenhang mit Führungskompetenz keine Rolle spielen. »Ich will keine Nachteile haben, weil ich eine Frau bin. Die Position soll mir als Person zugetraut werden, unabhängig davon, welches Geschlecht ich habe«, sagte eine andere Frau dazu. Dennoch erleben besonders junge Frauen, dass ihnen die Kompetenz oft nicht in dem Maße zugeschrieben wird, wie es ihnen zustehen würde. Das mag daran liegen, dass man Männern grundsätzlich eine Führungsposition eher zutraut als einer Frau. Und das liegt daran, dass Männern andere Eigenschaften und Kompetenzen zugewiesen werden als Frauen. Die Eigenschaften und Kompetenzen werden dann gedanklich mit Jobs und Aufgaben verknüpft. Es herrscht in vielen Köpfen das Bild vor: Männer sind die Macher im Wirtschaftsleben, sie sind entscheidungsfreudig, verhandlungsstark und können sich gut durchsetzen.

Frauen dagegen sind mit dem Klischee behaftet, kommunikativer und teamfähiger zu sein, Konflikte eher vermeiden zu wollen bzw. kompromissbereiter zu sein. So äußerte sich eine der Frauen zur Kompetenzzuschreibung wie folgt: »Ich habe immer so das Gefühl, dass mein Gesagtes mit einem »Ja, okay« quittiert wird. Aber wenn dasselbe mein Chef sagt, dann findet das viel mehr Gehör. Ich denke dann: Dasselbe habe ich doch jetzt vor ein paar Minuten gesagt. Wenn das aber der Chef vorstellt, ist das dann wohl prickelnder, als wenn ich das als junge Frau sage.« Daran wird erkenntlich, dass Frauen und Männer in Bezug auf Kompetenzvermutung aufgrund von stereotypen Rollenbildern unterschiedlich beurteilt werden.

Eine andere junge Frau formulierte ihr Erleben so: »Mir fällt auf, dass in meiner Branche jungen Frauen krass wenig zugetraut wird.

Die Männer, die sich in den Entscheidungspositionen befinden, bekommen das aktuelle Tagesgeschehen bei mir als Expertin nicht mit und wissen gar nicht, was sie jemandem wie mir zutrauen können. Ich habe das Gefühl, ich als Frau müsste mich immer noch mehr beweisen.«

Äußert sich eine Frau außerdem mit Nachdruck zu einem Thema, dann ist sie möglicherweise mit dem Klischee behaftet, zu übertrieben oder hysterisch zu sein. Das unterstrich eine Frau mit der Aussage: »Ich will nicht als hysterisches Weib am Tisch wahrgenommen werden, wenn ich über Probleme sprechen will. Ich will ernst genommen werden mit dem, was ich einbringen kann.«

Frauen wollen sich mit ihren weiblichen Eigenschaften zeigen und dabei keine Zweifel an ihrer Eignung als Führungskraft spüren. Das untermalt dieses Statement: »Frauen sollten sich keine Gedanken über ihre Kleidung machen müssen und versuchen, männlicher zu wirken, um seriöser, kompetenter, strenger oder älter wahrgenommen zu werden.«

Präferenz Nr. 3: Vertrauen durch das Management

Frauen erwarten in Bezug auf ihre Position und ihre Handlungen eine Stärkung durch hierarchisch übergeordnete Instanzen. Ein ständiges Kontrollieren bzw. Infragestellen führt zu Irritationen. Hierzu äußerte sich eine Frau: »Ich brauche Vertrauen, dass ich kann, was ich mache. Man hat mich ja für eine bestimmte Tätigkeit eingestellt und traut mir das zu. Doch dann muss man mir es auch überlassen, wie ich das erfülle.« Eine andere Frau formulierte das so: »Seitens der Geschäftsführung wünsche ich mir Rückhalt und Vertrauen. Entscheidungen, die ich treffe, sollen mitgetragen werden.« Frauen fordern für sich auch regelmäßiges Feedback ein. Sie verbinden mit Feedback Entwicklungschancen für sich und bekommen damit Klarheit zu ihrer Arbeitsweise. Eine der Frauen formulierte das wie folgt: »Jede*r macht mal Fehler. Doch hintenherum etwas über mich zu sagen, ist ein Vertrauensbruch. Wenn etwas nicht passt, dann ist es vollkommen okay, es mir direkt zu sagen, dass ich

Mist gebaut habe.« Eine andere Frau brachte es so auf den Punkt: »Ich brauche jemanden, der mir ehrliches Feedback gibt. Ich halte das aus, wenn man mir knallhart etwas ins Gesicht sagt.« Frauen, die Familie haben, erwarten, dass ihnen mehr Vertrauen geschenkt wird, was die Vereinbarkeit von Führungsaufgaben und Familie betrifft. Eine Frau sagte dazu: »Ich will Vertrauen spüren, dass man Müttern auch eine Führungsposition übertragen kann.« Das Management sollte also nicht infrage stellen, ob eine Frau mit Kindern dazu in der Lage ist, eine Position mit Führungsverantwortung zu übernehmen.

Präferenz Nr. 4: Verantwortung teilen

Frauen befürworten es, im Team oder mit anderen Führungskräften unternehmerische Entscheidungen gemeinsam zu besprechen und zu treffen. Hierzu sagten zwei Frauen Folgendes: »Bei kleineren Teams würde ich meine Rolle als Führungskraft nicht so sehen, dass ich dann immer die Entscheidungen treffe.« Und: »Entscheidungen sollten im Führungskräftebereich gemeinsam getroffen werden.« Eine andere Frau ergänzte das um weitere Aspekte: »Ich würde immer den Austausch mit den anderen Führungskräften suchen. Bei rein männlichen Führungsrunden stelle ich mir das schwieriger vor. Es gibt vielleicht mehr politische Spielchen, und das hilft mir dann nicht weiter. Mein Credo lautet: Wissen untereinander teilen soll immer möglich sein, denn der Kuchen ist groß genug. Kollaboration ist wichtig. Großzügigkeit hilft weiter und man lernt gegenseitig voneinander.«

Das Teilen von Verantwortung kann beispielsweise auch mittels einer Jobsharing-Partnerschaft erfolgen. Hierzu äußerte sich eine Frau wie folgt: »Für mich kann eine Führungsposition immer auch mit einer Doppelspitze besetzt sein. Führen kann in Kooperation und mit einem gemeinsamen Verständnis gelingen, also mit geteilter Verantwortung. Jede*r bringt die eigenen Kompetenzen mit ein.«

Dennoch sehen einige Frauen hier auch eine Herausforderung in Bezug auf ein gemeinsames Verständnis von Führung und guten Absprachen. Eine der Frauen sagte: »Bei einem Jobsharing braucht es jedoch ein sehr gutes Miteinander mit der anderen Person. Man sollte nahezu gleich ticken und dennoch darf man unterschiedliche Schwerpunkte haben. Es darf jedoch (ähnlich wie bei Eltern) kein Blatt dazwischen passen. Eine Entscheidung muss dann für beide gleich sein, beide müssen gleich damit umgehen. Auch sollte man gemeinsam gleiche Werte vertreten. Somit als Einheit auftreten. Man braucht eine gute Organisation und damit auch Zeit.« Trotz dieser Herausforderungen beim Jobsharing sympathisierten die meisten der Frauen mit diesem Führungsansatz.

Grundsätzlich agieren Frauen somit nach der impliziten Überzeugung, dass geteilte Entscheidungen Unsicherheit reduzieren und dies am Ende zu besseren Entscheidungen führt.

Präferenz Nr. 5: Dienende, partnerschaftliche Führung

Frauen verstehen die Führungsaufgabe als partnerschaftliche Dienstleistung und sympathisieren sehr mit dem Servant-Leadership-Ansatz[15]. Dazu sagte eine der Frauen: »Mein Führungsverständnis ist deutlich mehr Servant Leadership als klassisches Command & Control. Es entspricht schon meinem Selbstverständnis, andere wachsen zu lassen, um sichtbar zu werden und zu scheinen. Das wäre mein Anspruch an mich selbst, so zu führen.«

Frauen sehen sich in einer Führungsaufgabe als Coach. Das wird mit dieser Aussage besonders deutlich. »Ich möchte auf Augenhöhe führen, eher im Sinne von coachendem Führen.« Frauen wollen für die Mitarbeitenden da sein, deren Befähigerin sein und offene Türen haben. Sie setzen auf stärkenorientierte Führung. Eine der Frauen fasste das wie folgt zusammen: »Ich sehe mich als Coachin, die ihr Team fördert, zur Selbstorganisation anleitet und Menschen ermutigt, sich mit ihren Stärken einzubringen.«

Besonders betont haben die Frauen, dass sie sich nicht vorschreiben lassen wollen, wie sie zu führen haben. Das kommt bei dieser Aussage gut zum Ausdruck: »Ich möchte, dass man mich machen lässt. Ich bin sehr ergebnisorientiert und möchte Handlungsspielraum und keine Hürden in den Weg gestellt bekommen.« Eine andere Frau formulierte das so: »Kann ich meinen Job selbst gestalten? Ich mag kein Mikromanagement. Ich brauche unternehmerische Freiheit, auch was die Führung meines Teams angeht.« Frauen möchten nicht das Gefühl vermittelt bekommen, zwischen den Stühlen zu sitzen: Einerseits haben sie den Anspruch an sich selbst, für das Team da sein zu wollen, doch andererseits bekommen sie vom Management vorgegeben, wie sie ihr Team anleiten sollen. Das stellt sie vor eine zu große Zerreißprobe, bei der sie sich sehr unwohl fühlen.

Präferenz Nr. 6: Psychologische Sicherheit

Die befragten Frauen präferieren sehr stark eine Unternehmenskultur, in der menschliche Unvollkommenheit nicht als hinderlich angesehen wird. Sie möchten aus dieser menschlichen Unvollkommenheit keinen Hehl machen. Das bedeutet, dass sie sich nicht verbiegen oder besser darstellen wollen, als sie sind. Auch die sogenannte Ellenbogen-Strategie einzusetzen, um sich eine bessere Position zu verschaffen, ist für Frauen kein bevorzugtes Mittel, um sich im Unternehmen erfolgreich zu behaupten. Eine der Frauen sagte dazu: »Ich würde mir schon anschauen, mit wem ich dann zusammenarbeite. Ich würde mich fragen: Fühle ich mich in der Position wohl? Oder hätte ich immer das Gefühl, ich muss mich behaupten? Ich möchte nicht das Gefühl haben müssen, dass ich mich durchboxen muss. Ich muss mich nicht dauernd profilieren oder in den Vordergrund stellen – oder irgendwo tricksen und mir Vorteile herausziehen.«

Sie lehnen es eher ab, Rollen einzunehmen, die zwar dem persönlichen Ansehen helfen könnten, jedoch nicht ihrer Persönlichkeit oder ihrem Werteverständnis entsprechen.

Fehler, die passieren, sollten sachlich besprochen und nicht persönlich behandelt werden. Damit Fehler als Lernchance gesehen werden und nicht vertuscht werden müssen, erfordert dies ein Umfeld, in dem eine gewisse Angstfreiheit herrscht und ein von Wertschätzung geprägter Umgangston gepflegt wird. Dazu sagte eine Frau: »Psychologische Sicherheit[16] ist eine wichtige Komponente, im Sinne von: Wir gehen hier wertschätzend miteinander um und jede Meinung zählt. Und man kann auf eine wertschätzende Art auch darüber diskutieren, ob die Meinung, die Idee auch wirklich sinnvoll ist. Doch das ist dann nie wertend gegen die Person.«

Das kulturelle Umfeld, das Frauen präferieren, soll von Offenheit, Respekt, gegenseitiger Wertschätzung und einem vertrauensvollen Umgang geprägt sein. Die eigene und die jeweils andere natürliche Unvollkommenheit zu respektieren und wohlwollend damit umzugehen, ist für Frauen ein Zeichen dafür, in einer sicheren Arbeitsumgebung agieren zu können. Das wird noch mal deutlich mit diesem Statement untermauert: »Ich will nicht verschiedene Rollen spielen. Ich bin Mensch und bin mit allen meinen positiven Macken da.«

Präferenz Nr. 7: Ganzheitlicher Lebensentwurf

Alle Frauen waren sich darin einig, dass das Leben aus mehr besteht als nur aus Arbeit und Karriere. Sie wünschen sich die institutionalisierte Flexibilität, einen eigenen, individuellen Lebensentwurf realisieren zu können. Dazu gehören Freunde, Familie, soziales Engagement, Hobbys etc. Hierzu sagte eine der Frauen: »Jeder Mensch hat ja auch ein Recht auf ein Sozialleben. Das Privatleben darf kein schlechtes Gewissen verursachen. Es scheint immer okay zu sein, am Privatleben zu knapsen. Andersrum ist es aber gar nicht okay. Ich darf immer sagen, ich arbeite heute eine Stunde länger, doch ich darf nicht sagen, ich bleibe eine Stunde länger zu Hause.«

Eine 100-prozentige Aufopferung für die Führungskarriere betrachten Frauen insgesamt als wenig attraktiv für sich und die Menschen, die ihnen nahestehen. Das formulierte eine der Frauen so:

»Wenn das der Anspruch an Führung ist, dass es keine Work-Life-Balance mehr gibt, dann ist das nicht mein Verständnis von Führung – und dann will ich die Führungsposition nicht.«

Eine andere Frau sagte dazu: »Eine Führungsposition würde ich einnehmen, doch lässt sich diese Position mit meinem Privatleben vereinbaren? Das Geld kann mir nicht das wiedergeben, was mir mein Privatleben geben kann. Leistung bringen ist okay, doch ich will keine 80-Stunden-Arbeitswochen haben. Ich möchte meine Lebenszeit so nicht opfern.«

Konkret bedeutet dies: Frauen erwarten verträgliche und flexible Arbeitszeiten, wo möglich flexible Arbeitsorte und ein hohes Maß an Selbstbestimmtheit. Eine Frau äußerte sich dazu wie folgt: »Wenn man den Fokus anders setzt, dann geht es auch mit weniger Überstunden, zum Beispiel in 40 Stunden oder bei geteilter Führung auch weniger. Ich glaube, das ist möglich.« Nach 50 Interviews und der Definition der genannten Präferenzen lautet mein Fazit zu der Studie: Für Frauen müssen hauptsächlich die Rahmenbedingungen in Unternehmen stimmig sein, um einer Führungsposition zuzustimmen.

Frauen haben eine hohe Affinität dazu, Verantwortung gemeinsam zu übernehmen. Deshalb präferieren sie Doppelspitzen im Führungskontext oder wollen Entscheidungen gemeinsam mit ihrem Team treffen. Unternehmerische Entscheidungen grundsätzlich allein hinter verschlossenen Türen zu treffen und diese dann lediglich an die Mitarbeitenden zu kommunizieren, lehnen Frauen eher ab. Frauen wollen die Menschen in ihrem Team stärkenorientiert führen, sodass diese in die Lage versetzt werden, eigenverantwortlich und mit einer hohen Lösungsorientierung zu arbeiten. Der sogenannte Servant-Leadership-Ansatz wird klar präferiert. Vollzeitarbeit, Überstunden und Präsenzarbeit, so wie sie bisher von einer Führungskraft erwartet wurden, wurden von den befragten Frauen vor dem Hintergrund eines Teams, das eigenverantwortlich arbeitet, nach Sinn und Zweck hinterfragt. Für Frauen ist daher eine Führungsposition in Teilzeit absolut vertretbar.

Führen in Teilzeit als Flexibilisierungsstrategie bevorzugen nicht nur Frauen mit Familie, sondern alle anderen Frauen ebenso. Das Leben wird ganzheitlich betrachtet. Arbeit und Privatleben sollen in einem gesunden Verhältnis zueinander stehen. Frauen zeigen sich darin zuversichtlich, dass für eine Führungskraft Arbeitszeitreduktion möglich ist, wenn priorisiert gearbeitet, Mikromanagement vermieden sowie den Mitarbeitenden ein hohes Maß an Verantwortung übertragen wird.

Den Antworten der Frauen kann entnommen werden, dass sie Führungsverantwortung übernehmen wollen. 44 von 50 Frauen betonten, dass sie grundsätzlich gerne führen würden. Das ist immerhin ein Anteil von nahezu 90 Prozent der Befragten.

Doch wird sozialen Komponenten ein sehr hoher Wert beigemessen. Gesellschaftliche Anerkennung, Statussymbole (wie ein Dienstwagen oder ein Einzelbüro) sowie ein übermäßig hohes Gehalt haben für Frauen keine ausreichend hohe Relevanz, um eine Führungsposition zu übernehmen. Auch Macht bzw. Einfluss auszuüben, ist für Frauen eher unwichtig. Aufgrund ihrer sozialen Prägung wollen sich Frauen lediglich in einem für sie verträglichen Maß für eine Führungsstelle in Position bringen und möchten sich keineswegs mit einer gewissen Härte nach oben »durchboxen«.

Übung

Und jetzt bist du gefragt: Bearbeite die Aufgabe einmal für dich.

Welche Präferenzen sind bei dir ausgeprägt?

Und auf einer Skala von 1 bis 10, wie wichtig sind sie dir? Und wie erlebst du es in der Realität, also in deiner Organisation?

1 = ganz unwichtig / schlecht
10 = extrem wichtig / gut

Trage ein:

W (für Wichtig): Wie wichtig ist es dir?
R (für Realität): Wie erlebst du es in der Realität?

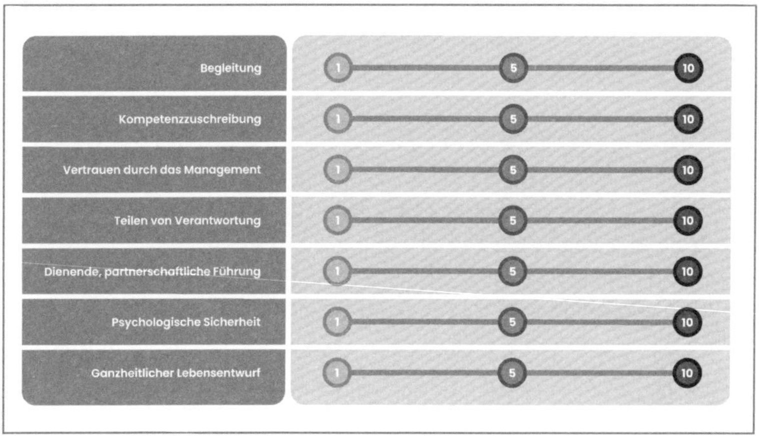

Abbildung 6: Aufgabenstellung »Deine Präferenzen« zur Studie »Frauen wollen führen – aber unter anderen Vorzeichen«

Stelle dir außerdem diese Fragen:

- Warum ist dir genau diese Präferenz so wichtig? Inwieweit hat sie ggf. mit deinen Werten zu tun?
- Wie möchtest du eigentlich geführt werden? Und wie erlebst du Führung in deinem Unternehmen?
- Was kannst du konkret tun, um die Präferenz für dich und andere erlebbar zu machen?
- Was ist dein konkreter Beitrag zu einer Unternehmenskultur, in der du gerne arbeiten möchtest?
- Welche sonstigen Rahmenbedingungen sind dir noch wichtig?

Im Abgleich mit deinen Werten und den Präferenzen sehr vieler Frauen in Bezug auf eine Führungsposition – die für dich vielleicht ganz genauso stimmen – kannst du nun für dich herausfinden, in welchem kulturellen Umfeld und in welchen Strukturen du am besten blühen und dein Potenzial entfalten kannst.

#Leader Tipp von Anja

Finde unbedingt für dich heraus, welche Rahmenbedingungen du brauchst, um dein (Führungs-)Potenzial zu entfalten. Frage diese Punkte auch gezielt in einem Vorstellungsgespräch ab, indem du Fragen vorbereitest.

Falls du merkst, dass du eine Änderung in den Rahmenbedingungen oder im Verhalten deiner Mitmenschen brauchst, um zufrieden und in deiner Kraft zu sein, suche das Gespräch, erkläre dich und gib damit dir und deinem Gegenüber die Chance, etwas zu ändern. Oft ist viel mehr möglich, als du denkst.

Kapitel 3

Du als Führungskraft

In diesem Kapitel erfährst du, wozu es in Teams Führung braucht. Es geht um den wesentlichen Unterschied von Management zu Leadership. Du kannst dich hier mit deinen eigenen Führungsprinzipien auseinandersetzen und abgleichend mit deinen Werten schauen, wie du als Führungskraft sein willst.

Es geht hier auch um die individuellen Reifegrade von Menschen und warum es so wichtig ist, dass du als Führungskraft weißt, was deine Mitarbeitenden – je nach ihrer persönlichen Reife – von dir brauchen. Du lernst die unterschiedlichen Führungsstile kennen und erfährst mehr zu wirksamen Führungsrollen.

Der Unterschied zwischen Management und Leadership

Stell dir eine Organisation vor, in der es keine Führungskräfte gibt. Würden alle im Unternehmen Beschäftigten von sich aus wissen, was zu tun ist? Wüssten alle, wie sie am besten oder am schnellsten und ohne Reibungspunkte von A nach B kommen? Wären alle in der Lage, miteinander passende und wirtschaftlich sinnvolle Prozesse zu entwickeln?

Natürlich kann es gelingen, ohne Führung ein Ziel zu erreichen. Dann braucht es jedoch ein richtig reifes Team, das konstruktiv und wertschätzend miteinander beschließt, wie es die Ziele erreicht. Und in der Lage ist, Ziele zu definieren, sodass alle auch die gleiche

Vorstellung vom jeweiligen Ziel haben. Dann können diverse Rollen vergeben und entsprechend ausgefüllt werden.

Macht man das nicht bzw. gelingt das nicht, dann endet es in einer Dauer-Diskussionsschleife und es dauert nicht lange, bis alle frustriert davonlaufen. Effizient und effektiv ist das nicht. Und wertvolle Lebenszeit in Dauer-Diskussionen ohne Ziel und Ende zu verlieren und so auch ständig in Konflikte zu stolpern, will eigentlich kein Mensch.

Ich bin mir sicher: Auch wenn man sich im Team verständigt, alles basisdemokratisch und gleichberechtigt zu entscheiden, dann gibt es doch jemanden, die oder der die Führungsfunktion übernimmt und einen Plan macht. Einen Projektplan. Und dann ergibt sich eine Projektleitung daraus. So etwas entsteht meist von allein und ganz ohne Anleitung.

Selbst ein Kindergeburtstag organisiert sich nicht von allein. Auch kein Sommerfest, kein Betriebsausflug, keine Hochzeit, kein Musikverein-Konzert. Immer geht es auch hier um die Organisation der Ressourcen, also der menschlichen Kapazitäten, der Zeit und der Finanzen. Wer macht was bis wann und wie viel Geld brauchen wir dafür? Oder wie viel Geld wollen wir damit einnehmen?

Und das gelingt nur, wenn irgendjemand auch diese Fragen aufwirft, einen Plan erstellt und die Aufgaben verteilt. Damit das Ziel in der vorgegebenen Zeit erreicht wird. Denn hier ist es so wie überall: Manche wollen mitreden und planen, aber keine Aufgaben übernehmen. Führung wird benötigt, damit eben nicht nur zwei Leute die Arbeit machen und alle anderen nur diskutieren.

Ohne eine Anleitung, eine Stoßrichtung, eine Idee, wie man ein Ziel erreicht, geht es also nicht. Daher braucht es in komplexen Kontexten, wie es eine Organisation ja ist, Menschen, die Komplexität durch definierte Strukturen reduzieren und die Menschen als Arbeitskräfte mit ihren Fähigkeiten, Kapazitäten und mit ihrer Zeit auf die Unternehmensziele ausrichten. Dabei spielt die Unternehmensvision eine Rolle, die allen vermittelt werden soll, wie auch die Werte wichtig sind, nach denen die Organisation ihr Tun und Handeln ausrichten will. Auch die Finanzen gilt es als Führungskraft im Blick zu behalten, das Teambudget ordentlich zu verwalten und durch die Zielerreichung ebenso die notwendigen Einnahmenziele zu generieren.

Jedoch gibt es darüber, was nun eine gute Führungskraft ausmacht, ganz unterschiedliche Auffassungen. Der bekannte Harvard-Professor John P. Kotter beschrieb schon 1982 – und ausführlicher 1990 – in seinem Buch »A Force For Change: How Leadership Differs From Management« den Unterschied zwischen Managern und wahren Führern (die er Leader nennt). Er ist der Meinung, dass Manager eher Verwalter seien und Leader dagegen eher Visionäre. Kurz ausgedrückt lässt sich dies so gegenüberstellen:

Leadership versus Management nach John Kotter[17]

Management	**Leadership**
▪ Operative Umsetzung (Dinge erledigen), Steuerung und Problemlösung ▪ Planung, Budgetierung und Zuweisung von Ressourcen, die zur Erreichung von Ergebnissen und Zielen erforderlich sind ▪ Organisieren und Besetzen von Rollen mit Personen, Delegieren von Verantwortlichkeiten, Bereitstellen von Verfahren und Methoden	▪ Festlegung der langfristigen Richtung, Visionen und Strategien, die einen bedeutenden Wandel bewirken ▪ Menschen Orientierung und Sicherheit geben durch Kommunikation ▪ Menschen inspirieren und motivieren, Barrieren überwinden ▪ Unterstützung bei der Potenzialentfaltung und Entwicklung
Sachorientierung	Menschenorientierung
Steuerung bekannter Prozesse	Umgang mit Neuem und Unbekanntem
▶ Funktionieren	▶ Wachsen

Abbildung 7: Unterschied Leadership versus Management, in Anlehnung an John. P. Kotter[18]

Die Übersicht verdeutlicht: Leadership in der Definition von John P. Kotter bedeutet, dass es um die Menschen geht. Ein entscheidender Unterschied zum reinen Funktionieren, was mit Management verknüpft ist.

Du kannst dir jetzt einmal Gedanken machen, wo du deinen Schwerpunkt als Führungskraft siehst. Die meisten der Frauen, die ich in meiner Studie »Frauen wollen führen – aber unter anderen Vorzeichen« befragte, sagten: »Ich präferiere als Führungskraft den Servant-Leadership-Ansatz.« Auch viele andere Frauen, mit denen ich gesprochen habe, können sich sehr gut mit diesem Ansatz identifizieren.

Hier steckt das Wort Leadership drin und nicht Management. Das bedeutet, Frauen sehen sich tendenziell mehr in der menschenzentrierten Führungsrolle als in der sachorientierten Führungsrolle.

Der Servant-Leadership-Ansatz[19] definiert sich wie folgt: »Servant Leadership ist eine von Robert Greenleaf begründete Philosophie der Führung und ein etablierter Ansatz der Führungsforschung. Sie beschreibt das Wirken von Führenden als Dienst am Geführten, mithin als dienendes Führen im Gegensatz zum beherrschenden Führen. {…} Der Servant-Leadership-Ansatz beinhaltet eine kompromisslose Ausrichtung der Führung auf die Interessen der Geführten.«

Der Servant-Leadership-Ansatz ist in vielen Management-Ebenen noch nicht so vertreten. Das ist nicht das, was man gewohnt ist. Dass eine Führungskraft dazu da ist, ihrem Team zu dienen, ist für manche Menschen ein merkwürdiger Gedanke. Oft wurde es in der Vergangenheit anders gedacht und gelebt, nämlich dass das Team der Führungskraft zu dienen hat. Allerdings stellt sich mir dabei die Frage, was eine Führungskraft ohne Team wert ist und warum man die Teammitglieder – wenn es doch um einen gemeinsamen Erfolg geht – als Diener*innen betrachtet. Alle tragen doch ihren Teil zum Erfolg bei und nicht nur die Führungskraft. Aus meiner Sicht ist die wichtigste Aufgabe einer Führungskraft, die Menschen in ihrem Team nach ihren Stärken auf die richtigen Positionen zu setzen und sie dabei zu unterstützen und zu befähigen, das Beste aus sich herauszuholen. So dient sie dem Team, damit die Menschen ihr volles Potenzial entfalten können.

Es braucht – außer einem guten Management – auch gute Leader, die sich um die Menschen im Unternehmen kümmern. Umso besser, wenn sich Frauen in der Rolle sehen und mit großem Selbstvertrauen hier ihre Stärken ausspielen.

#Leader Tipp von Anja

Meine Lieblingsdefinition zu Führung lautet: »Führung ist die Kunst, zwischenmenschliche Beziehungen zielorientiert zu gestalten.«

Um diese Kunst zu beherrschen, darfst du dir als Führungskraft zunächst bewusst darüber sein, dass dein Verhalten bei deinem Gegenüber eine Reaktion oder ein Verhalten auslöst, das sich auf eure zwischenmenschliche Beziehung auswirkt.

Voraussetzung für eine gute Führungsarbeit ist daher zunächst eine gute Selbstreflexion, die wiederum mit deinem Selbstbewusstsein und Selbstverständnis als Führungskraft zu tun hat. Wie willst du zwischenmenschliche Beziehungen gestalten? Welches Verhalten möchtest du bei deinem Gegenüber auslösen? Und auf welches Ziel soll das einzahlen?

Lerne also dein Gegenüber kennen, seine Persönlichkeit und seine Bedürfnisse.

Setzte dich mit deinen Mitarbeitenden auseinander, höre ihnen zu und versetzte dich empathisch in sie hinein. Ist das erfolgt, dann kannst du dein Verhalten so ausrichten, dass dies Verhaltensweisen bei deinen Mitarbeitenden auslöst, welche zu einem definierten Ziel führen. Das Ziel kann zum Beispiel die

▶▶▶

Jahreszielerreichung sein. Oder eine funktionierende, vertrauensvolle Zusammenarbeit im Team. Oder ein Projekt, dass du deinem Gegenüber übertragen magst.

Das Ganze bedeutet allerdings nicht, dass deine Mitarbeitende immer genau das von dir Erwartete tun, wenn du ihnen etwas vorlebst. Menschen sind Individuen und zum Glück nicht komplett berechenbar. Daher bleibt Führung auch eine Art »Kunst«, bei der du dich immer wieder ausprobieren und dich neu erleben darfst.

Und nun meine Frage an dich: Führst du schon oder managst du noch?

Um deine Antwort auf diese Frage zu finden, mache folgende Übung:

1. Schreibe an drei aufeinanderfolgenden Tagen deine Aufgaben und die dafür benötigte Zeit auf.
2. Was davon sind Management-, was sind Führungsaufgaben?
3. Wie viel Prozent deiner täglichen Arbeitszeit verbringst du mit Managementaufgaben?
4. Welche dieser Managementaufgaben kannst du delegieren?
5. Wie möchtest du die Zeit zielführend in die Gestaltung der Beziehung zu deinen Mitarbeitenden investieren?
6. Kennst du die Motive / Bedürfnisse und Werte deiner Mitarbeiter*innen?
7. Wie kannst du die Beziehung zielführend gestalten? Wie kannst du ihnen dienen, um ihre Bedürfnisse zu bedienen und ihre Werte zu achten, sodass sie im Gegenzug für dich und mit dir die Unternehmensziele Realität werden lassen?
8. Und dann setze um.

Deine Führungsprinzipien

Um deine eigenen Führungsprinzipien definieren zu können, ist zuerst wieder Selbstreflexion gefragt.

> **#Leader Tipp von Anja**
>
> Werde dir zunächst bewusst, was für dich eine gute Führungskraft ausmacht.
>
> Stelle dir dafür folgende Fragen:
>
> 1. Für welche Führungskraft hast du in deinem bisherigen Leben gerne gearbeitet?
> 2. Warum hast du gerne für sie gearbeitet?
> 3. Was hat sie konkret getan und was hat es in dir ausgelöst?
> 4. Welche Verhaltensweisen möchtest du zukünftig wie übernehmen?
>
> Lass uns auch ein Negativ-Beispiel durchdenken:
>
> 1. Für welche Führungskraft hast du nicht gerne gearbeitet?
> 2. Warum nicht? Was hat sie konkret getan?
> 3. Was hat ihr Verhalten in dir ausgelöst?
> 4. Was hättest du dir stattdessen von ihr gewünscht?

Hier näherst du dich schon deinen Führungsprinzipien. Es geht nicht darum, ob du sie regelmäßig kommunizierst, sondern darum, ob du sie lebst. Denn deine Mitarbeitenden merken schnell, ob du nur über die Wichtigkeit eines Themas sprichst oder ob du es auch vorlebst bzw. danach handelst.

Ein einfaches Beispiel: Wenn du immer wieder davon redest, wie wichtig dir Effizienz in Meetings ist, du jedoch jedes Mal zu spät beginnst, dich während des Meetings verzettelst und nie pünktlich mit der Agenda durchkommst, dann bist du, was das Thema Effizienz angeht, überhaupt nicht glaubhaft. Und das spricht sich herum, dass du nicht so handelst, wie du sprichst.

Auch in folgenden Situationen kommt es entscheidend darauf an, ob du handelst oder nur darüber redest, dass es dir wichtig ist.

1. **Pünktlichkeit:** Wenn du Wert darauf legst, Meetings oder auch One-to-one-Termine pünktlich starten zu können, und von deinen Mitarbeitenden erwartest, dass sie pünktlich sind, dann solltest du nicht zu spät zu Terminen kommen.

2. **Termine einhalten:** Ist es dir wichtig, dass Gesprächstermine mit deinen Mitarbeitenden von beiden Seiten eingehalten werden? Und nicht vorher einfach abgesagt oder verlegt werden? Dann halte du deine Termine unbedingt ein. Versuche Termine nicht aufgrund anderer spontan einberufener Termine abzusagen oder zu verlegen, sondern bleibe zuverlässig.

3. **Verantwortung übernehmen:** Wenn deine Mitarbeitenden Fehler machen, dann ist es völlig okay, sie zu kritisieren und zu korrigieren. Doch deren Fehler sind auch deine Fehler, zumindest nach außen und nach oben. So sagt es schon der führende Leadership-Experte in Europa, Fredmund Malik. Allerdings sollten sich deine Mitarbeitenden unbedingt auf deine Loyalität und Unterstützung verlassen können.

4. **Unangenehmen Situationen stellen:** Wenn etwas sehr im Argen liegt im Team oder es große Probleme mit den Kunden gibt, dann darfst du dich vor diesen Situationen nicht drücken. Das bedeutet nicht, dass deine Mitarbeitenden alles, was auch für sie unangenehm ist, auf dich abschieben dürfen. Doch wenn du der letzte Ausweg bist und alles andere von deinen Leuten schon probiert wurde, dann musst du ran. Dann musst du dem Kunden die Grenzen aufzeigen. Oder das Trennungsgespräch mit deinem Mitarbeitenden führen. Hierauf kannst du dich gemeinsam mit der Personalabteilung, mit einem Coach oder passender Literatur gut vorbereiten. Es bildet ungemein Vertrauen im Team, wenn die Mitarbeitenden wissen, dass sie mit dir rechnen können, auch in schweren Zeiten.

5. **Deine Versprechen einhalten:** Überlege dir gut, ob und wann du Versprechen gegenüber deinen Mitarbeitenden machen willst. Ist es denn realistisch, dass du sie auch einhalten kannst? Wie sicher bist du dir damit?

   Wenn du dir also nicht komplett sicher bist, dann gib nie aus einer spontanen Laune heraus Versprechen. Denn jedes Mal, wenn du ein Versprechen nicht einhältst, dann verringert das deine Glaubwürdigkeit und das Vertrauen in dich schwindet massiv. Antworte lieber aufrichtig: »Ich kann das, was von mir erwünscht wird, nicht erfüllen.« Gerade auch bei Gehaltsgesprächen musst du dir zu 100 Prozent sicher sein, dass das Budget da ist, um deinen Mitarbeitenden eine Erhöhung zu geben.

   Und ein ganz wichtiger Tipp: Erlaube dir zum Beispiel mindestens eine Nacht, die du über den Wunsch oder die Bitte schläfst, bevor du etwas zusagst, also versprichst. Du kannst auch immer antworten: »Ich schaue mal, wann es meine Zeit erlaubt, darüber in Ruhe nachzudenken.« Und wenn du dann nach zwei oder drei Tagen dazu kommst und es erledigst, umso besser. Solch ein Verhalten zahlt sehr viel auf dein Vertrauenskonto bei deinen Mitarbeitenden ein. Es ist also immer viel besser, wenn du viel hältst und wenig versprichst.

6. **Keine Zwietracht untereinander säen:** Das bedeutet: Sprich niemals über abwesende Teammitglieder schlecht. Am besten auch nicht über andere Führungskräfte. Denn die Vermutung liegt sehr nahe, dass du auch über anwesende Menschen schlecht sprichst, wenn sie nicht dabei sind. Und beteilige dich am besten auch nicht an Lästereien im Team. Bitte die Menschen, störende Punkte lieber direkt mit der entsprechenden Person zu klären. Wenn du allerdings das Gefühl hast, dass es hier um einen tiefer liegenden Konflikt geht, dann ist es deine Aufgabe, dich einzuschalten. Mehr zu Konfliktgesprächen erfährst du in einem der folgenden Kapitel.

Und jetzt schauen wir einmal näher auf die vorhin angesprochenen Führungsprinzipien: Ich finde, dass diese Führungsprinzipien[20] heute zeitgemäß sind und einer Führungskraft gut zu Gesicht stehen. Diese Prinzipien fallen übrigens in den Servant-Leadership-Ansatz, den ich im Kapitel 2 beschrieben habe, als es um meine Studie »Frauen wollen führen – aber unter anderen Vorzeichen« ging. Eine Präferenz der von mir befragten Frauen, nämlich die dienende, partnerschaftliche Führung, ist genau dieser Führungsstil, verbunden mit den folgenden Prinzipien.

Du kannst gerne darüber reflektieren, ob es etwas für dich ist:

Schaffung von psychologischer Sicherheit

Du als Führungskraft trägst elementar dazu bei, ob sich Menschen bei dir im Team wohlfühlen und sich frei entfalten können und wollen. Psychologische Sicherheit bedeutet, dass Menschen bei dir im Team sehr gerne ihr Potenzial einbringen, sich unbekümmert an Diskussionen beteiligen und dabei immer das Gefühl haben, als Persönlichkeit vollumfänglich respektiert zu werden. Es herrscht ein Gefühl der Angstfreiheit vor, denn die Menschen fühlen sich nicht auf zwischenmenschlicher Basis bedroht oder bewertet.

Aufbau von Vertrauen

Die beste und tragfähigste Partnerschaft ist die, in der alle einander vertrauen. Genauso ist es in einem Team. Man vertraut aufeinander, dass alle ihr Bestes geben und für das Unternehmen nur das Beste wollen. Das setzt allerdings voraus, dass du Gutes über deine Mitarbeitenden denkst, also ein positives Menschenbild hast. Denn hast du das nicht, dann suchst du immer nach dem Fehler oder fängst an, alles und jede*n zu kontrollieren. Es ist ganz einfach: Wenn du vertraust, musst du nicht kontrollieren. Und keine Zeit und kein Geld dafür aufwenden, Kontrollsysteme zu etablieren.

Konzentration auf die Stärken

Jeder Mensch hat Stärken. Meistens sind Menschen auch in den Jobs am besten, wo sie ihre Stärken ausspielen können. Dadurch werden Erfolge möglich, die man nicht erzielen kann, wenn Aufgaben an Menschen übertragen werden, die hier nicht so stark sind. Nun kannst du als Führungskraft natürlich massiv Energie darauf verwenden, an den Schwächen deiner Mitarbeitenden herumzudoktern, damit sie ein bisschen stärker werden. Besser ist es jedoch, wenn du die Jobs mit den Leuten besetzt oder Aufgaben an die Menschen vergibst, die hier ihre Stärken ausspielen können. Und damit maximal performen.

Verantwortung übertragen

Du als Führungskraft kannst nicht alles kontrollieren. Deshalb ist es wichtig, dass du delegieren lernst. Und gleichermaßen loslässt. Denn hast du wirklich Lust, deine Mitarbeitenden wie unmündige Menschen zu behandeln? Und hast du Lust, Mikromanagerin zu sein? Das bedeutet einen immensen Zeitaufwand, den du fürs Kontrollieren und Nachhalten vorsehen musst. Übertrage Verantwortung an deine Mitarbeitenden, damit sie sich entwickeln können. So hast du damit auch wieder den Freiraum und die Zeit, selbst Neues zu lernen, dich dadurch weiterzuentwickeln und neue Themen voranzutreiben.

Ergebnis- und Zielorientierung

Schau am besten nicht auf abgeleistete Arbeitsstunden, sondern darauf, was in der Zeit wirklich von deinen Mitarbeitenden geleistet wurde. Welche Aufgaben wurden erledigt, welche Projekte gestartet, welche Ziele erreicht? Was kann noch verbessert werden, damit es effizienter läuft? Wie kannst du Prozesse noch optimieren? Das sollte Hauptaugenmerk in deiner Führungsarbeit sein. Wichtig ist immer das Ergebnis der ganzen Bemühungen.

Role Model sein

Wie oft hast du dir vielleicht selbst eine Führungskraft gewünscht, zu der du hättest aufschauen können? Versuche deinen Mitarbeitenden die Führungskraft zu sein, die du selbst gerne gehabt hättest. Sei ein Vorbild, vor allem in dem, was du vorlebst. Nicht das, was du sagst, ist das Wichtigste, sondern dein Tun und Handeln. Stimmt das mit dem, was du sagst, überein? Und lebst du deine Werte vor? Richte dein Handeln und Tun nach deinen Werten aus.

Positives Denken vorleben

Versuche immer, positiv zu denken und nach den Chancen zu suchen. Und motiviere deine Mitarbeitenden dazu, Gleiches zu tun. Sicherlich darf man die Risiken nie aus den Augen verlieren, doch wenn man ihnen zu großen Raum im Denken und Tun einräumt, dann lähmt und demotiviert das. Es bleibt wertvolle Energie auf der Strecke, die man besser für die Lösungsfindung einsetzt.

Wenn es dir gelingt, diese Führungsprinzipien für dich auszuformulieren und zu leben, dann bist du mit Sicherheit eine empathische, erfolgreiche und souveräne Führungskraft.

Magst du wissen, ob dein Führungsverhalten verbindlich ist? Ob du lebst, was du sagst? Dann bitte immer wieder um Feedback. Denn sonst gibt es möglicherweise ein zu weites Auseinanderdriften von Selbst- und Fremdwahrnehmung.

#Leader Tipp von Anja

1. Definiere deine eigenen Führungsprinzipien. Wie möchtest du als Führungskraft wahrgenommen werden? Welches Verhalten ist dafür erforderlich?
2. Gleiche deine eigenen Führungsprinzipien mit denen deines Unternehmens ab (wenn Führungsprinzipien definiert sind). Ergänzen und unterstützen sie sich oder gibt es einen Konflikt?
3. Hole dir regelmäßig Feedback von Menschen ein, die dich in deinem Arbeitsalltag erleben. Wie nehmen sie dich als

Führungskraft wahr? Welche Stärken und Entwicklungsfelder haben sie identifiziert?

4. Hole dir auch ein Feedback zu deinen Führungsprinzipien ein. Was gelingt dir schon ziemlich gut? An welchem konkreten Verhalten machen die anderen das fest? Was würden sie sich von dir wünschen?

Führungsstile und Führungsrollen

Es ist nicht so, dass du nur eine Rolle als Führungskraft einnehmen wirst. Das funktioniert schon deshalb nicht, weil du nie in deinem Leben nur eine Rolle innehast – unabhängig von einer Führungsaufgabe. Du bist Freundin, Partnerin, vielleicht Mutter, Nachbarin, Mitglied im Verein, Mitarbeiterin im Unternehmen usw. Du übernimmst immer wieder eine andere Rolle. Als Mutter würdest du so, wie du mit deinem Kind sprichst, nicht mit deinen Arbeitskolleg*innen sprechen. Im Verein gibst du dich anders als zu Hause, wo du die geliebte Person deines Partners oder deiner Partnerin bist. Und auch als Führungskraft bist du nie nur in einer Rolle. Es werden viele Anforderungen an deine Position gestellt und diesen wirst du am besten gerecht, wenn du weißt, in welcher Rolle du unterwegs bist.

Als Führungskraft wirst du immer Mitarbeitende mit unterschiedlichen Reifegraden haben. Die eine Mitarbeiterin ist schon seit 15 Jahren im Unternehmen und sehr erfahren, ein anderer Mitarbeiter ist gerade neu dazugekommen und hat erst kürzlich seine Ausbildung oder sein Studium absolviert. Vielleicht sind beide hoch motiviert, die eine jedoch mit mehr praktischer Erfahrung, der andere mit theoretischem Wissen aus dem Studium.

Wichtig: Das sollte dir als Führungskraft bewusst sein. Denn immer wieder musst du deinen Führungsstil dem Reifegrad des Mitarbeitenden anpassen. Und die Führungsrolle wechseln. Immer wieder darfst du dir die Fragen stellen: Was kann sie oder er, welche Fähigkeiten hat sie oder er? Wie steht es um das Wollen, die Motivation? Und was genau braucht mein*e Mitarbeiter*in in der aktuellen Situation von mir, um einen guten Job zu machen?

Um es einfacher zu halten, arbeite ich gerne mit dem Reifegradmodell[21] von Paul Hersey und Ken Blanchard. Das Reifegradmodell ist ein Teilaspekt der Theorie des Situativen Führens. Nach diesem Modell soll die Führungskraft einen zum Reifegrad des Mitarbeiters passenden Führungsstil wählen.

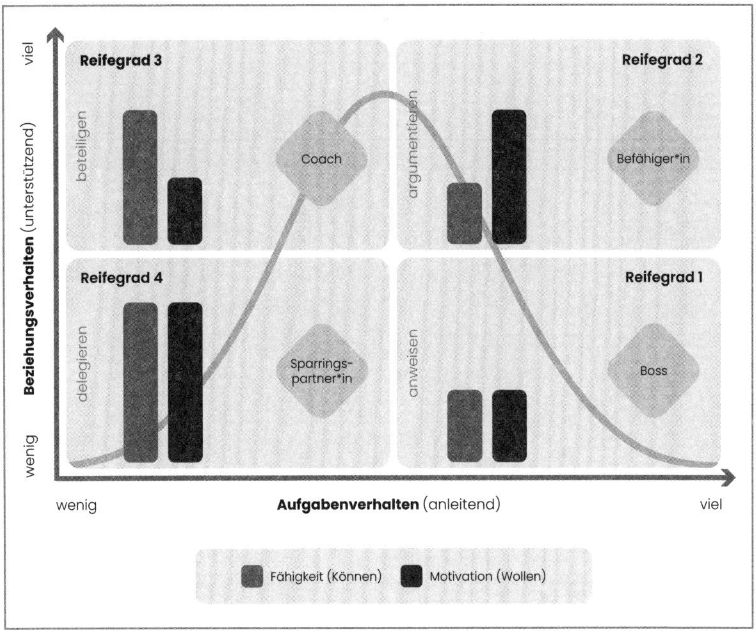

Abbildung 8: Reifegradmodell, in Anlehnung an Paul Hersey und Ken Blanchard, und Führungsrollen, in Anlehnung an die Führungsrollen von Prof. Dr. Armin Trost[22]

Paul Hersey und Ken Blanchard unterscheiden vier Führungsstile.

1. **Telling – anweisen.** Hier kommuniziert die Führungskraft an den Mitarbeitenden, was er oder sie tun soll, welche Aufgaben sie oder er bis zu welchem Zeitpunkt und in welcher Qualität erledigen soll. Und warum sie oder er das tun sollte. Außerdem wirst du auch kontrollieren, ob die Aufgabe zufriedenstellend erledigt wurde.

2. **Selling – argumentieren.** Die Aufgabe wird von der Führungskraft so erklärt, dass die oder der Mitarbeitende daraus lernt und die Fähigkeit, die es für die selbstständige Erledigung der Aufgabe braucht, bald erlernt. Mitarbeitende und Führungskraft stehen in engem kommunikativen Austausch. Ab und an muss seitens der Führungskraft die oder der Mitarbeitende auch überredet werden.

3. **Partizipating – beteiligen.** Beide, also Mitarbeitende und Führungskraft, sind an einer guten Beziehung zueinander interessiert. Die Entscheidungsfindung des Mitarbeitenden gilt es aus Führungssicht jedoch zu unterstützen, also den Mitarbeitenden dahingehend zu ermutigen. Daher ist es wichtig, sie oder ihn an der Entscheidung zu beteiligen.

4. **Delegating – delegieren.** Als Führungskraft bleibt man in die Entscheidung einbezogen, doch die Aufgabe und die Verantwortung dazu verbleiben beim Mitarbeitenden. Du lässt sie oder ihn selbstständig arbeiten und eigenverantwortlich Entscheidungen treffen.

Paul Hersey und Ken Blanchard gehen davon aus, dass es nicht funktionieren wird, dass du mit einem einzigen Führungsstil klarkommst, der für alle Situationen der passende und beste ist. Es braucht die Anpassung an die jeweilige Situation und die Mitarbeitenden. Und es kommt darauf an, welche Fähigkeiten, welches (Fach-)Wissen und welche Erfahrungen der jeweilige Mensch mitbringt. Außerdem ist auch die Bereitschaft bzw. die Motivation wichtig, wie an die Aufgaben herangegangen wird. Das ist dann der Reifegrad und daran kannst du den passenden Führungsstil ausrichten.

Dazu passt dann auch die entsprechende Rolle. Es gibt einige Führungsrollen-Modelle, doch ich integriere hier die von Prof. Dr. Armin Trost entwickelten Rollen. Er hat vier Rollen definiert, die sich aus meiner Sicht gut in das Reifegradmodell von Paul Hersey und Ken Blanchard integrieren lassen.

Mitarbeitende im **Reifegrad 1** sind hinsichtlich der anstehenden Aufgabe noch nicht fähig genug, sie allein zu erledigen und/oder sind außerdem eher unmotiviert bzw. unsicher. Sie führst du am besten in der Rolle des Bosses. Diesen Mitarbeitenden musst du konkrete Anweisungen geben, was sie wann zu tun haben. Sicherlich musst du ihnen auch einiges vormachen, das sie dann nachmachen können. Du kontrollierst sie und du trägst auch hauptsächlich die Verantwortung. Selbstverständlich muss es in deinem Interesse liegen, sie in einen höheren Reifegrad zu entwickeln.

Mitarbeitende im **Reifegrad 2** sind (noch) nicht fähig, jedoch motiviert. Hier bist du in der Rolle der Befähigerin unterwegs. Dir sollte es sehr wichtig sein, dass diese Mitarbeitenden ihre Arbeit erfolgreich erledigen können. Du entwickelst sie oder ihn in ihren Fähigkeiten weiter, denn die Motivation für die Arbeit ist bereits da. Dazu ist es wichtig zu erkennen, was sie oder er braucht, damit sie oder er in ihrem/seinem Können besser wird. Auch hier solltest du anstreben, die Mitarbeitenden in einen höheren Reifegrad zu entwickeln.

Mitarbeitende, die im **Reifegrad 3** sind, sind fähig, können also eine Menge, sind jedoch nicht so motiviert. Hier fungierst du in der Rolle des Coaches. Du übergibst die Verantwortung für Entscheidungen an die Mitarbeitenden, da sie die entsprechenden Fähigkeiten haben. Um die Eigenmotivation zu steigern, führst du am besten über Fragen. So kommt sie oder er selbst auf Ideen und Lösungen. Du kannst auch einmal schauen, welche Motive (siehe Kapitel 1) die

Mitarbeitenden haben. Vielleicht liegt hier der Schlüssel zum Erfolg. Über deren Motive zu führen kann stark auf die Motivation der Mitarbeitenden einzahlen. Und gib ihnen Anerkennung und Aufmerksamkeit. Auch hier gilt es, die Mitarbeitenden dieses Reifegrades weiterzuentwickeln.

Mitarbeitende im **Reifegrad 4** verfügen über eine hohe Kompetenz und Eigenmotivation. Diese führst du am besten in der Rolle einer (Sparrings)-Partnerin. Du übergibst Verantwortung, lässt eigenverantwortlich Entscheidungen treffen und begegnest diesen Mitarbeitenden als Partnerin auf Augenhöhe. Hier musst du immer wieder schauen, dass diese Mitarbeitenden deine motivierten Leistungsträger*innen bleiben, indem du dir immer wieder überlegst, was sie oder ihn noch herausfordern könnte. Außerdem investiere immer wieder in die Beziehung zu ihr oder ihm.

Die für mich wichtigste Frage in diesem ganzen Kontext; diese kannst du dir als Führungskraft immer wieder stellen: Bedeutet es eigentlich Lebensqualität für die anderen, von mir geführt zu werden? Und da Lebensqualität nicht für alle einheitlich das Gleiche bedeutet, gilt es herauszufinden, was wer in deinem Team von dir braucht, um Lebensqualität zu verspüren.

#Leader Tipp von Anja

1. Werde dir deines Führungsstils bewusst. Was ist der Führungsstil, der am ehesten dein Wertesystem und deine Führungsprinzipien unterstützt und der sich für dich auch einfach anfühlt? Was ist dein dominanter Führungsstil?
2. Diesen Führungsstil wirst du automatisch und unbewusst sehr häufig anwenden. Sei dir jedoch immer im Klaren darüber, dass die unterschiedlichen Reifegrade deiner Mitarbeitenden von dir erfordern, dass du dein Führungsverhalten zielführend anpasst.

▶▶▶

Daher stelle dir zunächst die Frage, welche Reifegrade deine Mitarbeitenden haben, und ordne sie dafür in das hier dargestellte Reifegradmodell von Paul Hersey und Ken Blanchard ein (Abbildung 8).

3. Reflektiere nun, wie du dein Führungsverhalten entsprechend deinen einzelnen Mitarbeitenden anpassen solltest, um sie maximal bei ihrer Aufgabe und im Team zu unterstützen.
4. Setze es um und beobachte, wie die Reaktionen deiner Mitarbeitenden auf deine Verhaltensänderung sind. Hole dir gerne auch Feedback ein.

Kapitel 4

Führung? Jetzt aber wirklich

Du hast dich nun entschieden, konkrete Schritte in Richtung einer Führungsaufgabe zu unternehmen. Vielleicht ist es jetzt an der Zeit, die letzten Voreingenommenheiten endgültig zu beseitigen, damit aus einem »Vielleicht« ein »Ja« wird. Es gilt, dir Gedanken zu machen, wie du die Führungsaufgabe und dein Privatleben gut kombinieren kannst, sodass es für dich passt und auch deine Lieben nicht auf der Strecke bleiben. Vielleicht kommt dann für dich ein besonderes Führungsmodell am besten infrage.

Du erfährst, warum es nun an der Zeit ist, es auch anderen zu zeigen, dass du eine Führungsaufgabe übernehmen willst. Du erfährst hier, warum deine Arbeit nicht allein für sich sprechen kann und was du selbst unbedingt dazu beitragen solltest, um sichtbar zu werden. Lerne, wie du deinen Plan konkretisieren kannst, damit die Führungsaufgabe nicht nur ein Traum bleibt.

Du hast dein Ziel vor Augen? Dann »go for it«.

Beseitige deine eigene Voreingenommenheit

Wenn du dich nun entschieden hast, das Abenteuer Führung anzugehen, dann gibt es aus meiner Erfahrung und aus dem, was ich aus vielen Gesprächen herausgehört habe, so einige Stolpersteine, die sich Frauen meist selbst in den Weg legen. Das ist erst mal nicht schlimm, denn vieles zeichnet uns Frauen auch positiv aus. Zum Beispiel, dass wir über vieles in Ruhe nachdenken, nicht sofort entscheiden und uns auf Anhieb nicht immer alles direkt zutrauen. Frauen wägen grundsätzlich mehr ab und überlegen länger. Sie sind auch selbstkritischer[23]. Ich finde, das ist eine extrem positive Eigenschaft, denn überlegte und durchdachte Entscheidungen sind oft die tragfähigeren. Doch das musst du einfach wissen: Frauen konfrontieren sich oft selbst mit ihren unbewussten Wahrnehmungsfehlern und Stereotypen über Frauen, wenn es um verantwortungsvolle Positionen geht.

Unsere Gedanken, besonders auch unsere unbewussten, prägen unser Verhalten. Und auch wenn wir es kaum glauben wollen, so haben alle Menschen geschlechtsspezifische Voreingenommenheiten[24]. Das hat mit unserem Denksystem zu tun und trifft alle Menschen. Denn wir haben ja alle ein Gehirn und damit ein Denksystem. Voreingenommenheiten entstehen schon in der frühkindlichen Entwicklung, weil wir viele Rollenmuster in unserer Kindheit gesehen, gehört, erlebt und beigebracht bekommen haben. Das manifestierte sich dann in unserem Denken in den nächsten Jahren bis hinein ins Erwachsenenalter.

Unsere Voreingenommenheiten beeinflussen zum Beispiel, wie sehr wir einer Frau oder einem Mann zutrauen, eine erfolgreiche Führungskraft zu sein. Wir haben vielfach schon in der Kindheit gelernt, dass verantwortungsvolle Jobs von Männern verrichtet werden. Unsere Mütter waren es meist nicht, die die gut bezahlten Jobs innehatten und Vollzeit arbeiteten. Sondern sie waren es meist, die während der Familienphase in Teilzeit arbeiteten. Daher fehlte vielen Frauen das weibliche Vorbild. Und so entstanden auch bei den Frauen die geschlechtsbedingten Vorurteile.

Es ist interessant, dass Männern grundsätzlich zugetraut wird, eine Führungsposition einzunehmen. Wenn sie scheitern, dann verwundert das. Da das Vorurteil herrscht, jeder Mann könne per se gut führen. Männern wird grundsätzlich eher eine Führungsposition zugetraut als Frauen. Das liegt daran, dass wir Männern andere Eigenschaften und Kompetenzen zuweisen als Frauen.

Und wir verknüpfen diese Eigenschaften und Kompetenzen nun mit Jobs und Aufgaben. Also herrscht in vielen Köpfen das Bild vor, Männer seien die dominanten Menschen, sie seien entscheidungsfreudig, hätten einen starken Willen und könnten sich gut durchsetzen.

Frauen dagegen sind mit dem Klischee behaftet, sie seien engagierter, empathischer, teamfähiger und eher konsensorientiert. Und deshalb gelten die vermeintlich männlichen Eigenschaften immer noch oft als Schlüsselqualifikation für Führungskräfte.[25]

Das wiederum bedeutet, dass Frauen nicht in dem Maße zugetraut wird, so eine kompetente Führungskraft zu sein wie ein Mann. Und das Spannende ist: Frauen tun das auch nicht. Sie trauen anderen Frauen – und damit indirekt auch sich selbst – weniger eine Führungsposition zu als Männern. Deshalb stellen auch Frauen, die Personalentscheidungen treffen, häufig Männer als Führungskräfte ein. Und so werden Frauen von Führungspositionen ausgeschlossen. Es ist sehr wichtig, sich das immer vor Augen zu halten. Gerade, wenn du selbst als Frau eine Führungsposition anstrebst. Traust du dir möglicherweise Führung gar nicht wirklich zu? Warum traust du dir das nicht zu? Welche Führungsbilder hast du im Kopf, wenn du an eine Führungskraft denkst?

#Leader Tipp von Anja

Wenn du an Führungspersönlichkeiten denkst, an Menschen, die für dich Vorbilder in Sachen Führung sind, wer kommt dir in den Sinn? Schreibe dir die Namen auf.

1. Wie viele Menschen sind es? Wie viele Frauen sind darunter?
2. Was zeichnet diese Menschen aus?
3. Wer ist dein persönliches weibliches Role Model und warum?
4. Welche Haltung und welches Verhalten nimmst du an ihr wahr?

Hier ist es empfehlenswert, bei dir selbst anzusetzen. Orientiere dich an Menschen, die für dich ein Vorbild in Sachen Führung sind. Und dann glaube nicht daran, dass ein Mann die bessere Führungskraft ist, sondern glaube an dich mit deinen Talenten, Fähigkeiten und Kompetenzen.

Es darf nicht passieren, dass talentierte Frauen sich selbst wieder ins Abseits stellen, weil sie Stereotypen, Glaubenssätzen und eigenen unbewussten Wahrnehmungsfehlern aufsitzen.

Führungsaufgabe und Privatleben – eine gute Passung finden

Wenn du in einer Partnerschaft lebst oder auch Familie hast, dann empfehle ich dir auf jeden Fall, dir vorab Gedanken zu machen, wie du beides – Führungsjob und Privatleben – gut zusammenbringen willst.

Wie teilt ihr euch aktuell den Haushalt, die Kindererziehung und -betreuung auf? Übernimmt dein Partner oder deine Partnerin die Hälfte der Care- und Hausarbeit? Und wenn nein, dann denke unbedingt darüber nach, ob das so bleiben soll und du zu deiner Führungsarbeit weiterhin auch die meiste Arbeit zu Hause übernehmen magst.

Vielleicht hast du schon einmal vom Gender Care Gap gehört? Der Gender Care Gap misst die Lücke in der Zeitverwendung von Männern und Frauen für unbezahlte Sorgearbeit, auch Care-Arbeit genannt. Damit ist unbezahlte Hausarbeit und Kinderbetreuung gemeint. Seit dem Jahr 1992 ist der Gender Care Gap in Deutschland zwar zurückgegangen, jedoch ist bezahlte und unbezahlte Arbeit noch immer sehr ungleich zwischen Frauen und Männern verteilt[26]. Denn in Deutschland leisten Frauen im Durchschnitt etwa eineinhalbmal so viel unbezahlte Sorgearbeit wie Männer – der Gender Care Gap beträgt demnach im Durchschnitt über die Gesamtbevölkerung gut 50 Prozent.

Mit Anfang 20 ist die geschlechtsspezifische Lücke bei der unbezahlten Sorgearbeit noch recht klein, sie steigt dann bis zum Alter von etwa 40 Jahren stark an. Danach fällt der Gender Care Gap wieder etwas ab, was daran liegt, dass die für Kinderbetreuung verwendete Zeit im Lebensverlauf wieder sinkt. Die Zeit für die Hausarbeit allerdings – unabhängig davon, ob die Kinder noch im Haus sind oder nicht – bleibt bei Frauen konstant hoch. Diese Entwicklung zeigt sehr deutlich, dass die Familiengründung einen kritischen Wendepunkt für den Verlauf der Erwerbskarrieren von Frauen und Männern darstellt. Nach der Familiengründung übernehmen Frauen deutlich mehr unbezahlte Sorgearbeit, nehmen dafür häufiger und länger andauernde Elternzeit und arbeiten deutlich mehr in Teilzeit.[27]

Und genau dieser Tatsache gilt es aus meiner Sicht von vorneherein ins Auge zu sehen. In der Partnerschaft – noch vor der Familiengründung – sollten die beiderseitigen Wünsche und Bedürfnisse zu Karriere und Lebensplanung besprochen werden. Denn sonst führt das direkt in die Frust-Sackgasse, wenn sich stillschweigend in eurer Partnerschaft einschleicht, dass du im Privatleben für Haushalt und die Sorgearbeit die Hauptverantwortung trägst.

Wenn du eine Führungsposition anstrebst und damit eine erfolgreiche Karriere starten willst, dann brauchst du auch im Privatleben eine gerechte Verteilung von Arbeit und Aufgaben. Du brauchst also einen Menschen an deiner Seite, der das mit dir paritätisch teilt. Sonst besteht die sehr reale Gefahr, dass du vor lauter verantwortungsvollen Aufgaben untergehst. Dass du ausbrennst und krank wirst. Dauerhaft im roten Bereich zu laufen und nicht nur für ein Team von Menschen verantwortlich zu sein, sondern auch für das komplette Privatleben – das kann nicht gut gehen. Vermutlich werden auch schnell deine Beziehung und deine Kinder darunter leiden.

Verhandle also am besten heute schon in deiner Partnerschaft, wie ihr euch die Aufgaben im Privatleben aufteilen wollt. Und welche Unterstützung ihr euch vielleicht dazukaufen wollt. Doch wenn ein Dazukaufen von Unterstützung (z.B. Reinigungskraft,

Gärtner*in etc.) nicht geht, dann bestehe am besten auf einer 50:50-Aufteilung der Haus- und Care-Arbeit gleich von vorneherein.

Und denke vor allem auch an den sogenannten »mental load«[28]. Das wird gerne übersetzt mit psychischer Belastung und beschreibt die Organisation von Alltagsaufgaben bei einem vollen Arbeitsgedächtnis. Umgangssprachlich benutzt man den Begriff gerne im Zusammenhang mit Müttern, die viele Aufgaben und Erledigungen rund um das Familienleben unter einen Hut bekommen müssen.

Zwischenzeitlich wird der Begriff allerdings viel breiter aufgefasst: nämlich für alle Menschen, deren Kopf voll ist von Aufgaben und Verpflichtungen rund um die Organisation des Lebens. Es geht also um all die kleinen Aufgaben, wie beispielsweise den Kühlschrankinhalt im Blick zu behalten, den Einkaufszettel zu schreiben, den Streit mit der Kollegin zu schlichten, an die Geburtstage der Familienangehörigen zu denken und Geschenke zu organisieren, die Termine der Müllabfuhr nicht zu vergessen und dann auch rechtzeitig die Mülltonnen an die Straße zu stellen, Spülmaschinen-Tabs fürs Büro zu organisieren und die anderen Familienmitglieder an die jährliche Zahnvorsorge zu erinnern und direkt Termine beim Zahnarzt auszumachen.

Oft denkt man, das seien doch nur Kleinigkeiten, die ganz einfach zu lösen sind. Doch wenn man nicht daran denkt, dann bleibt der Kühlschrank leer oder so unzureichend bestückt, dass man kein ganzes Gericht kochen kann. Es stapeln sich die Müllsäcke im Keller, der Geburtstag der Schwiegermutter wird vergessen, es fehlt das Geschenk für den Kindergeburtstag, zu dem der Sohn heute eingeladen ist, und das Lieblingskleid der Tochter ist nicht gewaschen, weswegen sie in Tränen ausbricht.

Wenn du dir das mal ganz genau ausmalst, dann sind es eben keine Kleinigkeiten, sondern eine Menge an Aufgaben, an die es zu denken gilt. Zu allen Handlungen und Aktionen braucht es eine Planung, die mit Vorüberlegungen verbunden ist. Und diese sieht man nicht immer auf den ersten Blick. Denkt jedoch niemand daran, dann wird es vergessen oder nicht getan. Und daher braucht es jemanden, der an diese Termine und Aufgaben des täglichen Lebens denkt. Meist sind es die Frauen, die das im Blick haben.

Es ist wichtig, in der Partnerschaft darüber zu sprechen und dafür zu sensibilisieren, dass sich diese Dinge nicht von allein erledigen. Jemand muss daran denken. Und das Denken in Dauerschleife ist eben anstrengend. Also verhandelst du, wie diese Kleinigkeiten organisiert werden sollen und wer das im Blick behält. Es führt oft zu Enttäuschungen – und das weiß ich von sehr vielen Frauen, die heute offen darüber sprechen –, von dem Partner oder der Partnerin hoffnungsvoll zu erwarten, dass er oder sie das schon von allein merkt und ganz von sich aus zu Hause mehr anpackt. Die Dinge im Privaten fügen sich nicht automatisch, sondern müssen angesprochen und geklärt werden.

Vermeide bitte Gedanken wie: Das kann mein Partner nicht. Denn solche Vorüberlegungen zu Aufgaben oder die Aufgaben selbst sind nicht ursprünglich männlich oder weiblich. An Termine denken, zum Arzt gehen, ein Geschenk organisieren oder einen Kuchen backen hat nichts mit dem Geschlecht zu tun.

Und wie gut eine Aufgabe ausgeführt wird, liegt dann immer im Auge des Betrachtenden. Jetzt kann es natürlich schon sein, dass du einen anderen Qualitätsanspruch an eine Geschenkverpackung oder einen Marmorkuchen hast. Das bedeutet jedoch nicht, dass die andere Geschenkverpackung falsch ist. Oder der Kuchen nicht richtig. Wenn ihr über Aufteilung der Haus- und Care-Arbeit verhandelt, dann musst du es auch zulassen, dass die Art, wie es dein Partner durchführt, okay ist. Es liegt in seiner Verantwortung, seine Tätigkeiten zu erledigen, und da ist es absolut kontraproduktiv, wenn du ihm ständig hineingrätschst. Denn umgekehrt magst du es ja auch nicht, wenn du ständig korrigiert werden würdest.

Vielleicht braucht es hier einige Gespräche, denn möglicherweise hat dein Partner in seiner Herkunftsfamilie kein Vorbild gehabt. Woher also sollte er wissen, was faire Aufteilung wirklich heißt? Vielleicht wurde sein eigener Vater dafür gefeiert, dass er den Hochzeitstag nicht vergessen hat und seinen Sohn am Wochenende zum Judo-Turnier gefahren hat. Wenn dein Partner in solch einem Umfeld aufgewachsen ist, dann wird er vermutlich auch mit einigen

Stereotypen und Glaubenssätzen zu kämpfen haben, wann ein Mann ein richtiger Mann ist. Denn so wie er es von früher kennt, ist ein normaler Mann der, der arbeiten geht, sich am Wochenende vielleicht ein bisschen um die Kinder kümmert und ab und an den Müll hinausträgt. Doch ein »normaler Mann« teilt sich nicht hälftig die Haus- und Care-Arbeit mit der Partnerin, sondern es ist in seinen Augen eigentlich die Aufgabe der Frau, hier das meiste an Aufgaben zu übernehmen.

Hier solltest du in einem guten und offenen Austausch mit deinem Partner stehen und gemeinsam an der Partnerschaft arbeiten. Gleichberechtigung funktioniert nicht von allein.

Insbesondere wenn ihr eine Familie gegründet habt, dann gilt es noch mal, intensiv alle Aufgaben zu besprechen und aufzuteilen. Mach dir auch hier bewusst, dass es eure Kinder sind. Dass es eure Wohnung ist, dass es eure Freizeitbeschäftigungen sind, euer Urlaub, eure Geburtstage, Feste und Partys, eure Familienmitglieder. Beide, du und dein Partner, übernehmen hier im besten Fall gemeinsam die Verantwortung.

#Leader Tipp von Anja

1. Schreibe eine Woche lang alle Aufgaben auf, die ihr, dein Partner und du, neben euren beruflichen Aufgaben erledigt. Auch alle To-dos, die es die Woche über zu erledigen gilt.
2. Schätze pro Aufgabe, wie lange es jeweils gedauert hat.
3. Nun überlege: Was war und ist wirklich dringend und wichtig? Was muss in der Woche direkt erledigt und was hat noch Zeit und kann später erledigt werden?
4. Sprecht darüber, wie ihr die Aufgaben zukünftig verteilen wollt und wie ihr die Themen priorisiert.
5. Wer ist zukünftig für was verantwortlich? Und probiert dabei ein Prioritäten-System aus, dass für jede*n von euch funktioniert.

Vielleicht denkst du auch darüber nach, dass du keine Vollbeschäftigungs-Führungskraft sein kannst und willst, sondern dass das Modell »Führung in Teilzeit« oder »Jobsharing« besser zu dir und deinem Leben passt. Dann ist es wichtig, dies auch entsprechend zu artikulieren.

Und sei dir bewusst, dass sich viele Unternehmen eine Führungskraft, die in Teilzeit führt, (noch) nicht vorstellen können. Aus der Prägung der letzten Jahrzehnte heraus ist es für viele unvorstellbar, dass Entscheider*innen nicht fünf Tage die Woche von 09:00 bis 17:00 Uhr für Mitarbeitende ansprechbar sind. Das könnte sich als Hürde herausstellen, wenn du als Frau mit Familie oder auch als Frau, die gerne mal ein paar Stunden mehr Privatleben haben möchte, deinen Wunsch nach Führung in Teilzeit äußerst.

Ich kann dir nur empfehlen, hier mit deinen Vorgesetzten oder dem Management in die Diskussion zu gehen. Frage nach, ob sie meinen, dass es deiner Kompetenz und deinem Können im Wege steht, wenn du dich zum Beispiel mit 70 Prozent oder 80 Prozent als Führungskraft einbringst. Bedeutet das für sie, dass du auch nur teilkompetent bist? Oder deine Führungsleistung nur zu 80 Prozent erbringst?

Traut das Management dir nicht zu, dass du dein Team entsprechend unterstützt und ermutigst, so selbstständig zu arbeiten, dass es dich gar nicht rund um die Uhr braucht?

Gehe hier ins Gespräch und hinterfrage das. Es kann nämlich gut sein, dass im Management hindernde Glaubenssätze vorherrschen und man dort erst durch das Gespräch mit dir merkt, welche Glaubenssätze konservativ und hindernd sind und welche neuen Wege man im Führungsteam einmal gehen könnte. Und dann betone: Ich traue mir das zu und kann mir gut vorstellen, die Führungsaufgabe auch bei reduzierter Arbeitszeit zu übernehmen. Wenn du nicht selbst sicher darin wirkst, dass du es dir zutraust und es so machen willst, dann werden die anderen es dir mit großer Sicherheit auch nicht zutrauen.

Auch die Bitte, ein Team zu zweit zu führen, wird noch oft abgelehnt. Frage nach, wo genau die gedankliche Hürde im Management besteht. Denn wenn du die Führungsverantwortung teilst, dann schmälert das die Last, die du als Führungskraft einzeln trägst. Und die Entscheidungen, die ihr gemeinsam trefft, sind möglicherweise auch viel besser durchdacht.

Auch hier ergibt es Sinn, dass du dir dazu Gedanken machst, ob du gerne ein Team mit einer anderen Führungskraft im Tandem führen magst. Und wenn ihr gemeinsam dieses Modell euren Führungskräften vorschlagt, umso besser. Denn eigenes aktives Handeln und das Vorschlagen von alternativen Lösungen liegt immer in deinem eigenen Einflussbereich. Wenn dir das wichtig ist, dann warte nicht ab, ob andere vielleicht auf eine Idee kommen, sondern nimm es selbst in die Hand und schlage eine Lösung vor. Selbst wenn sie auf den ersten Blick für die Organisation ungewöhnlich erscheint, weil solch eine Idee bis jetzt noch nie ausprobiert wurde. Dann bist du eben die Erste, die sie vorschlägt, testet und umsetzt.

#Leader Tipp von Anja

1. Erfrage bei deinen Führungskräften, wo ihre Bedenken liegen.
2. Nenne aktiv Punkte, die unbewusst in den Köpfen der anderen eine Blockade sein könnten. Ein Beispiel dazu: Es kann sein, dass dein*e Chef*in nur eine*n Ansprechpartner*in haben möchte, aus Angst, dass bei der Übergabe an eine zweite Person Informationen verloren gehen. Und das könnte er/sie als Mehrarbeit und Belastung empfinden. Deshalb glaubt er/sie nicht daran, dass es funktioniert, zu zweit ein Team zu führen.
3. Sind diese Bedenken gerechtfertigt?
4. Wie kannst du deiner Führungskraft diese Bedenken nehmen?

Konkretisiere deinen Plan

Wenn du das Buch bis hierher gelesen hast, dann weißt du ja bereits, wie deine Persönlichkeit beschaffen ist, was dich also ausmacht. Du weißt, zu welcher Unternehmenskultur du passt. Und du hast dich damit auseinandergesetzt, wie du als Führungskraft sein willst, und hast auch dein Privatleben entsprechend reflektiert.

Außerdem hast du den Beschluss gefasst, dass du jetzt Verantwortung übernehmen und gestalten willst. Nun liegt es an dir, das in die Tat umzusetzen.

#Leader Tipp von Anja

Mache dir einen Plan, bevor du die weiteren Schritte gehst. Denn wenn du selbst nicht weißt, wie du eine Führungsaufgabe angehen möchtest, dann eierst du herum und kannst andere nicht so leicht von dir und deinem Wunsch überzeugen.

Mit diesen Fragen bereitest du dich gut auf die neue Führungsaufgabe vor:[29]

1. Was ist dein konkretes »Warum«? Warum möchtest du führen? Was ist dein Antrieb?
2. Worauf freust du dich besonders, wenn du an eine Führungsaufgabe denkst?
3. Welches Thema, das du als Führungskraft begleiten magst, interessiert dich?
4. Wo möchtest du gerne starten? In deiner Organisation? In deinem Bereich, in dem du gerade schon tätig bist? In einem anderen Bereich? Und warum gerade da? Oder in einer anderen Organisation? Und auch hier: Warum gerade da?
5. Was ist das Positive daran, dein jetziges Team als Führungskraft zu übernehmen? Was das Negative? Was sind die Vorteile, ein anderes Team zu übernehmen?

▶▶▶

6a. Was möchtest du in dem Team, das du jetzt schon kennst, als Führungskraft erreichen? Was soll in der ersten Zeit, wenn du das Team oder die Abteilung neu übernimmst, passieren, damit du abends zufrieden ins Bett gehst? Was soll auf keinen Fall passieren?

6b. Was möchtest du in einem neuen Team, das du noch nicht kennst, als Führungskraft bewirken? Was soll in der ersten Zeit, wenn du das Team oder die Abteilung neu übernimmst, passieren, damit du abends zufrieden ins Bett gehst? Was soll auf keinen Fall passieren?

7. Was willst du lernen als Führungskraft? Was willst du für deine eigene Weiterentwicklung nutzen?

8. Wann, denkst du, bist du eine erfolgreiche Führungskraft? Was sollte sein, damit du und die anderen das über dich denken?

9. Was, denkst du, erwartet dein Team, deine Abteilung von dir? Was erwarten deine Vorgesetzten von dir?

10. Welche Sorgen hast du, wenn du an die neue Aufgabe denkst?

11. Was kannst du tun, damit du deine Sorgen verringern kannst? Was liegt in deiner Hand?

12. Wen gibt es in deinem Umfeld, mit der oder dem du dich dazu austauschen kannst?

13. Wie beeinflusst deine neue Aufgabe dein Leben? Inwieweit wirkt sich das auf dich, deine Freunde, Partnerschaft, Familie, dein Ehrenamt, Hobby etc. aus? Welche Kompromisse magst du eingehen, welche nicht?

14. Wie willst du die ersten Führungswochen konkret angehen? Was möchtest du deinen Mitarbeitenden zum Einstieg sagen (deine Antrittsrede)? Wie möchtest du die Einzelgespräche mit deinen Mitarbeitenden angehen? Was ist das Schlimmste, was dir in den ersten Wochen passieren könnte?

Werde sichtbar und sprich über deine Pläne und Ziele

Die letzte Frage auf deiner Checkliste sollte lauten: Wie möchtest du strategisch vorgehen? Wen solltest du nun alles informieren? Welche Kontakte solltest du jetzt knüpfen?

Es kann durchaus sein, dass dir dieser Gedanke Hemmungen bereitet. Denn viele ehrgeizige und engagierte Frauen sind der Meinung: Meine Arbeit spricht für sich. Ihre Argumentation lautet: Das reicht doch, um Vorgesetzte auf mich aufmerksam zu machen. Und ich werde so bei der nächsten Beförderungsrunde schon berücksichtigt werden.

Nur ist das leider in den seltensten Fällen so. Mitarbeiter*innen, die bei den Vorgesetzten als nicht präsent gelten, werden leider selten befördert. Viele Frauen, so auch ich, haben genau das schon einmal erlebt, nämlich dass sie nicht berücksichtigt wurden. Sondern dass der männliche Kollege, der fachlich nicht kompetenter war als man selbst, plötzlich Führungskraft wurde.

Mich hat das damals sehr geschmerzt. Doch als ich genauer hingeschaut hatte, was mein Kollege anders gemacht hatte als ich, war die Sache klar. Er saß mit unserem Chef viel öfter zusammen als ich, er sprach bei Teamevents beim Small Talk gezielt mit den übergeordneten Führungskräften und den Personen im Management, er berichtete von seinen Erfolgen und was er für das Unternehmen geleistet hatte. Das hinterließ bei den Führungskräften, die über die Top-Positionen entschieden, ein positives Bild. Sie hatten den Eindruck von meinem Kollegen, er wolle wirklich vorankommen. Aufgrund der regelmäßig stattfindenden Gespräche mit ihm kannten sie ihn etwas besser und konnten ganz gut abschätzen, was er für das Unternehmen leistete. So bekam er die spannenden Projekte und wurde dann auch befördert. Und ich, als eher Unbekannte im Unternehmen, bekam nicht die spannenden Projekte und wurde auch nicht befördert.

Als ich das erkannte, änderte ich meine Taktik. Es kostete mich Überwindung, denn ich hörte öfters als Mädchen, dass es besser ist, sich nicht so in den Mittelpunkt zu stellen. »Sei nicht so laut«, war so eine Aussage, die mich durch Kindheit und Jugend begleitete. Sonst wirst du als zu selbstbewusst oder sogar überheblich wahrgenommen, hörte ich. Doch wie wichtig ist, was die anderen denken, wenn es um das eigene Vorankommen geht? Das Management, das über Führungskarrieren entscheidet, beschäftigt sich selten mit dem Thema Überheblichkeit. Es sind meist die Kolleg*innen, die das einem vorhalten könnten. Doch lebst du für die Kolleg*innen oder für dich? Wie in vielen anderen Bereichen des Lebens lohnt es sich hier nicht, zu viel nach rechts und links zu schauen, sondern fokussiert den eigenen Plan zu verfolgen.

Und eine Sache ist mir auch hängen geblieben: Wenn ich meiner Arbeit so wenig Wert beimesse, dass ich nicht einmal in der Lage bin, darüber positiv zu berichten, warum sollten dann andere Menschen meiner Arbeit etwas Positives abgewinnen? Ich hatte verstanden: Ich bin mein eigenes Hauptprodukt, das es selbst zu vermarkten gilt, wenn ich vorankommen will. Meine Arbeit vermarktet mich nicht, sie hat keinen Mund. Auch die anderen Menschen in meinem Unternehmen machen es nicht für mich. Also muss ich selbst ran. Und so legte ich los und überwand meine Zweifel.

Ich sprach regelmäßig mit meinen Vorgesetzten über meine Projekte und die Erfolge, die ich für das Unternehmen erzielen konnte. Ich sprach über Umsatzsteigerungen und Neukunden, die ich gewonnen hatte. Bei Unternehmensevents, Sommerausflügen und Weihnachtsfeiern sprach ich mit den Verantwortlichen aus dem Management. Ich erzählte von meinen Wünschen und Plänen. Und ganz schnell passierte Folgendes: Ich bekam tolle Projekte übertragen inklusive der Projektleitung. Und konnte direkt die Rolle als Führungskraft üben.

Frauen mit einem höheren extravertierten Anteil haben übrigens weniger Hemmungen, ihren Vorgesetzten von ihren guten Taten und Erfolgen zu berichten. Frauen mit mehr introvertierten Anteilen tun sich ein wenig schwerer damit. Aufgrund ihrer Persönlichkeit fällt es ihnen nicht so leicht, direkt und geradeheraus mit der Führungskraft über die eigenen Erfolge – und die zukünftigen Karrierepläne – zu sprechen.

Wenn du deine Vorgesetzten vielleicht noch gar nicht so gut kennst oder du dich erst mal etwas vorsichtiger der Sache mit der eigenen Sichtbarkeit nähern willst, dann habe ich folgenden Tipp für dich: Beginne, in Meetings mitzureden. Das ist für Menschen, die einen höheren introvertierten Anteil in sich tragen, eine gute Übungsmöglichkeit, ein eigenes Statement abzugeben zu Themen, die im Team diskutiert werden.

Und wenn das dir erst mal kein so gutes Gefühl bereitet, dann kannst du auch zuerst in firmeneigenen Chatsystemen etwas formulieren. Oder einen Unternehmens-Blogbeitrag kommentieren. Strategisch sinnvoll ist natürlich, dass du einen Beitrag deiner Führungskraft oder von jemandem aus dem Management kommentierst. Denn so kann sich tatsächlich ein Dialog entwickeln. Der Vorteil zu einem Meeting ist, dass du dir den Text, den du beisteuern willst, erst mal überlegen kannst. Und ihn dann niederschreiben kannst. So übst du dich, deinen Mund aufzumachen und ein Statement abzugeben, sodass die Leute im Unternehmen dich kennenlernen. Und mehr von dir und deiner Haltung erfahren. Dein Name sollte einfach regelmäßig im Unternehmen auftauchen.

Über kurz oder lang wird es nicht ausbleiben, dass auch deine Führungskräfte oder das Management auf dich aufmerksam werden. Und schon gibt es bei nächster Gelegenheit die Chance, über das Thema, zu dem du etwas kommentiert hast, mit deinen Vorgesetzten zu sprechen.

Wenn du nun das Gespräch mit deiner Führungskraft suchst, um über deine Jobambitionen zu sprechen, dann schreibe dir zuallererst auf, was deine Erfolge sind, welche Ziele du ansteuern und warum du das machen willst. Notiere dir ebenso, welche Stärken du dafür mitbringst.

Diese Notizen geben dir Sicherheit im Termin. Besprich das vorher mit deinem Partner/deiner Partnerin oder auch einer guten Freundin, die dich auf jeden Fall in deinen Plänen stark unterstützt. Und probe auch, was deine Chefin oder dein Chef für mögliche Rückfragen stellen oder welche Einwände sie oder er auch haben könnte. Denn wenn du vorab das Gespräch schon mal geprobt hast, dann fällt es dir viel leichter, deine Argumente vorzutragen, und du weißt auch, wie du auf Rückfragen kompetent antworten kannst.

Lass dich von deinen Vorgesetzten nicht verunsichern, wenn sie oder er möglicherweise meint, dass du zu ruhig bist. Ruhige Führungskräfte sind keine schlechteren Führungskräfte. Meist sind sie nämlich in Krisen bedachter, gelassener und verlieren nicht so schnell den Kopf. Genau das kannst du auch als Argument vorbringen.

Und für alle Frauen, die sich ein Gespräch mit ihrer Führungskraft gut zutrauen, gebe ich gerne noch folgenden Tipp: Gehe das Gespräch ruhig und bedacht an. Extravertierte Frauen erleben ab und an, dass sie als zu selbstbewusst und engagiert wahrgenommen werden. Sie machen mit ihrer Art ihren Vorgesetzten manchmal Angst, denn diese meinen dann, man säge an ihrem Stuhl. Lote es also gut für dich aus, was genau du formulieren magst, wie deine Argumente aussehen sollen, und führe das Gespräch dazu in einer gelassenen und ruhigen Art und Weise. Manchmal brauchen die eigenen Vorgesetzten auch nicht jeden Gedanken von uns zu kennen, denn das beunruhigt manche nur. Und dann kann es sein, dass sie dich eben nicht fördern und unterstützen, weil du ihnen mit deiner lebendigen und zielorientierten Art ein wenig Angst machst.

Überlege dir vor den entscheidenden Gesprächen gut, wie du über deine Erfolge, deine Pläne und Ziele sprechen magst. Schreibe es dir auf. Versetze dich in deine Führungskraft:

- Auf welche Argumente könnte sie positiv reagieren?
- Und wann und mit welcher Intention würde sie dich unterstützen, dein Ziel zu erreichen?

Wichtig: Starte damit, dir einen Namen zu machen. Denn sonst bleibst du die große Unbekannte und niemand rechnet damit, dass du Führungsambitionen hast. Wenn du über deine Arbeit sprichst, wird klar, wofür du stehst und welche Projekte du vorantreiben willst. Niemand wird zu entsprechender Zeit verwundert sein; es ist klar, du willst Führungskraft werden.

Denke immer daran, was du einer Freundin oder deiner Tochter empfehlen würdest, die dir sagt, dass sie ihre Karriere vorantreiben möchte. Würdest du ihr raten, anonym zu bleiben und darauf zu vertrauen, dass irgendjemand von allein merkt, dass sie gute Arbeit leistet?

Ziemlich sicher würdest du ihr das nicht empfehlen. Dann empfiehl dir selbst so etwas auch nicht, sondern lege dich für dich selbst ins Zeug.

Und wenn du nicht in deinem Unternehmen bleiben willst, dann kannst du natürlich auch darüber nachdenken, ob du auf beruflichen Social-Media-Kanälen oder in Communitys sichtbar werden willst. Oder in externe Netzwerke eintreten, um deine Karriere außerhalb des Unternehmens zu verfolgen. Dann macht es Sinn, dass du dich damit näher beschäftigst, wie du deine Personal Brand aufbauen kannst. Oder welche Netzwerke förderlich für dein Vorankommen sind. Netzwerke helfen auch sehr, um sichtbar zu werden. Denn du kannst den Menschen in deinem Netzwerk von deinen Plänen berichten und kommst so ggf. schneller an Jobangebote.

#Leader Tipp von Anja

Werde sichtbar, indem du über deine Erfolge sprichst, ebenso wie über deine Pläne und Ziele. Kenne dafür deine Stärken und Kompetenzen:

1. Schreibe dafür eine Liste:
   - Welche fachlichen Fähigkeiten hast du?
   - Was fällt dir leicht?
   - Wofür bewundern dich andere?
   - Was schätzen andere an dir?
2. Überlege dir danach, in welchen Situationen diese Kompetenzen für andere sichtbar und erlebbar werden?
3. Wenn du ein weibliches Role Model mit Führungsverantwortung kennst und dessen Haltung und Verhalten bewunderst: Lebst du es auch so?

Doch der wichtigste Tipp von mir ist: Bleibe du selbst. Verbiege dich nicht zu sehr, um die Erwartungen von außen zu erfüllen, denn das geht auf Dauer immer schief und kostet unfassbar viel Energie. Wechsle im Zweifel das Unternehmen und suche einen Kontext, der zu dir und deiner Persönlichkeit passt.

Kapitel 5

Souverän führen

In diesem Kapitel erfährst du mehr über gelebte Macht in Unternehmen und politische Spielchen. Du weißt, wie du diese mitspielen kannst, dir dennoch treu bleibst und dich gut dabei fühlen kannst. Du erfährst einiges anhand von Fallbeispielen aus dem Arbeitsleben und schaust dir Ideen an, wie du mit Machtspielchen umgehen kannst. Und du bekommst einfache umsetzbare Tipps, wie du dich in diesen Situationen souverän verhalten kannst und was in deiner Hand liegt, um zukünftig das zu verändern, was dir in der männlich geprägten Arbeitswelt weniger gut gefällt.

Außerdem lernst du die größten Stolpersteine für Frauen in Führung kennen und weißt, was du tun kannst, um nicht zu stolpern und gelassen und souverän zu bleiben.

Formen und Ausprägungen von Macht

Um zu verstehen, wie Macht im Unternehmen zum Tragen kommt, schauen wir uns erst mal an, wie »Macht haben« im unternehmerischen Kontext verstanden werden kann.

Hierzu gibt es eine Anekdote aus einem meiner Frauennetzwerk-Treffen. Ungefähr 15 Frauen saßen zusammen. Wir sprachen über unsere Arbeit, über Unternehmenskulturen und über Führung. Eine der Frauen formulierte dann recht energisch: »Wir Frauen sollten endlich mal ein gesundes Verhältnis zu Macht entwickeln.« Und direkt war Stille am Tisch. Nach einer kurzen Schockstarre –

jedenfalls fühlte sich das für mich so an – stiegen alle Frauen direkt in die Diskussion ein. Und siehe da: Die meisten der Frauen hatten keine positiven Assoziationen zu Macht. Nur ganz wenige in der Runde empfanden Macht als etwas Gutes.

Doch warum ist Macht zu haben für viele Frauen etwas Verwerfliches? Und ist das Gegenteil davon, also Ohnmacht zu spüren, besser? Machen wir uns nichts vor, ohnmächtig zu sein bedeutet, einer Sache oder anderen Menschen ausgeliefert und nicht handlungsfähig zu sein. Wenn sich Menschen nicht in einer entsprechenden Position in einem Unternehmen befinden, dann sind sie ihren Chefs und den Management-Entscheidungen in gewisser Weise ausgeliefert.

Macht bekommt deshalb den faden Beigeschmack, weil Frauen damit fast immer Machtmissbrauch gleichsetzen. Und bei Machtmissbrauch geht es um die Ausbeutung Schwächerer, um eigene Überheblichkeit und um das Einhalten der Hierarchieebenen. Selten bringt man mit Macht auch Machtgebrauch in Verbindung. Doch man kann Macht positiv nutzen: Positive Entscheidungen treffen, etwas bewegen, wenn dazu der Auftrag kraft Amtes vorliegt, andere Menschen ermächtigen. Es kommt darauf an, wie mit der Macht umgegangen wird. Einfluss nehmen, Strukturen aktiv verändern und Neues gestalten kannst du nur, wenn du Macht hast. Dann kannst du auch davon Gebrauch machen. Und du kannst andere daran teilhaben lassen.

Macht kann differenziert betrachtet werden. Es kommt auf die dahinterliegenden psychologischen Prozesse an. Die Klassifikation der Grundlagen der Macht von French und Raven[30] hat sich hier weitgehend durchgesetzt. Sie haben sich auf die Analyse der psychologischen Prozesse konzentriert.

Hier sind ein paar Beispiele, wie du entsprechend der zugrunde liegenden Klassifikation Macht positiv einsetzen kannst:

1. Wenn du durch deine Stimme Entscheidungen beeinflussen kannst, dann hast du demokratische Macht.
2. Kannst du aufgrund deiner Position Entscheidungen treffen, dann bist du mit legitimer Macht ausgestattet.
3. Hast du die Möglichkeit, bestimmte Menschen mit ihren Stärken und Ressourcen in bestimmten Positionen, Rollen oder Aufgaben wirken zu lassen, dann hast du Ressourcenmacht.
4. Macht hast du auch, wenn du besondere fachliche Kenntnisse hast, auf die das Team oder das Unternehmen nicht verzichten mag. Das kann man unter dem Begriff Expert*innenmacht zusammenfassen. Wenn du die Einzige bist, die etwas weiß und kann – oder gute Kontakte hat, die sonst niemand hat –, dann bist du auch machtvoll.
5. Und du hast soziale Macht, wenn du einen besonders guten Ruf genießt und beispielsweise ein großes Netzwerk hast (auch in den sozialen Medien) – und dort sogar im Mittelpunkt stehst.

Natürlich kannst du die Macht, die du innehast, negativ ausüben. Doch darum geht es gar nicht. Es geht hier darum, ein Bewusstsein dafür zu schaffen, dass wir Frauen, wenn wir eine machtvolle Position innehaben, sie für positive Dinge nutzen. Indem wir passende Menschen auf die entsprechenden Positionen befördern, indem wir nachhaltige Entscheidungen im Unternehmen und in der Gesellschaft treffen, weil wir es können, und indem wir unsere Fachexpertise und unsere Netzwerkpower einbringen.

Denn wie heißt es so schön: Ohne Power kein Empowerment! Wenn wir selbst nicht die Kraft, die Macht haben, etwas zu bewegen, können wir auch andere nicht ermutigen und unterstützen.

Wir werden nicht für voll genommen, wenn wir zwar kluge Empowerment-Sprüche formulieren, doch selbst in keiner Tätigkeit, die wir ausfüllen, sichtbar sind, etwas zu sagen haben und selbst keine Entscheidungen herbeiführen können.

Doch zurück zu meinem Netzwerkabend mit den Frauen: Wir kamen dann doch zu dem Schluss, dass es immer besser ist, mächtig als ohnmächtig zu sein. Und dass Führungspositionen die Positionen im Unternehmen sind, in denen wir etwas bewegen und verändern können. Und deshalb macht es absolut Sinn, als Frau auch die Lust auf die sogenannten Machtpositionen mitzubringen. Denn noch mal: Es geht nicht um Machtmissbrauch, sondern um Machtgebrauch.

Umgang mit Macht, Politik und Hierarchie

Oftmals kommen Frauen, wenn sie eine Führungsposition übernehmen, in gegebene Strukturen, die schon viele Jahre in den meist von Männern geprägten Unternehmen fest verankert sind. Männer haben dieses System entstehen lassen und geprägt. Und deshalb kommen die meisten von ihnen in diesem männlichen System auch gut klar. Kommst du neu dazu – gerade auch als Frau –, dann ist es vorteilhaft zu wissen, dass es informelle Regeln gibt. Oft gibt es Verhaltensweisen, die das Management und andere Führungskräfte im Unternehmen bereits verinnerlicht haben.

Was du unbedingt vorab wissen solltest: Frauen nutzen Kommunikation, um Beziehungen zu stabilisieren; Männer nutzen Kommunikation, um ihre Position bzw. ihren Rang innerhalb der Gruppe zu festigen. Männer agieren meistens über die Hierarchie, weil sie darüber erkennen, wer etwas zu sagen und wer etwas auszuführen hat. Wer also über wem steht. Die bekannte amerikanische Soziolinguistin und Bestseller-Autorin Deborah Tannen beschreibt das so in ihren Büchern. Das wird später in diesem Buch behandelt, wenn es um die unterschiedlichen Kommunikationsstile geht.

Du als neue Führungskraft bringst also nicht nur ein anderes Kommunikationsverhalten und andere Persönlichkeitseigenschaften mit ins Führungsteam, sondern du kennst vermutlich auch vorhandende Spielregeln, informelle Regeln und das Hierarchiegebaren nicht. Das solltest du durchdringen und verstehen.

Es hilft dir für das eigene Vorankommen und die eigene Stellung im Unternehmen ungemein, wenn du verstanden hast, welches Spiel gespielt wird, wer welche Rolle innehat und welche Regeln gelten. Frauen sind in diesem Kontext die rationaleren Menschen, sie interessieren sich mehr für das Unternehmensziel und das Ergebnis ihrer Tätigkeit und sind meist nicht besonders an den Spielen der Männer interessiert. Auch nicht daran, wer hierarchisch über wem steht. Machtdemonstrationen und Statusdünkel liegen Frauen nicht besonders. Ihnen kommt es auf das Ergebnis und den konkreten Output an.

Du musst das Spiel nicht großartig finden, sondern solltest lediglich wissen, nach welchen Regeln es funktioniert. Identifiziere sie und reagiere darauf. So spielst du erst mal mit und kannst dadurch als aktive Mitspielerin das Blatt sogar wenden.

Hier höre ich oft: »Ja, das will ich gar nicht. Ich habe keine Lust auf diese Spielchen. Das Thema, das im Raum steht, müssten wir doch konstruktiv lösen und auf Augenhöhe miteinander diskutieren.« Und ich sage dazu: »Ja, das wäre schön. Das wünsche ich mir auch.« Doch viele Männer pflegen einen anderen Umgang. Das kannst du nicht einfach ändern. So wie man deinen eigenen Kommunikations- und Umgangsstil auch nicht einfach ändern kann. An der Stelle ist sicher wichtig zu verinnerlichen, dass man andere Menschen nicht ändern kann. Doch du kannst dich ändern und deine Art und Weise, wie du mit etwas umgehst.

Es ist nur von Vorteil für dich, wenn du weißt, wie Männer miteinander umgehen und wie sie sich etwas sagen. Denn was nicht passieren soll, ist, dass dir nur der Spielfeldrand bleibt, weil du das Spiel nicht verstehst. Denn vom Spielfeldrand aus kannst du deinen Standpunkt nicht behaupten.

Was ich dir empfehle, ist, Dinge und Abläufe, die du befremdlich findest, anzusprechen. Doch das ist nicht für die ersten Momente gedacht, wenn du neu mitspielst. Sondern dann, wenn du deine Spielposition innehast und von den anderen Führungskräften Akzeptanz erfahren hast. Dann kannst du damit starten, die gegebenen Regeln offen zu hinterfragen, und beschreiben, wie sie auf dich wirken. Denn es kam schon oft zu Aha-Momenten in den Führungskräfte-Runden oder in den eigenen Teams und Abteilungen, wenn diese Dinge thematisiert wurden. Es kam etwas auf den Tisch, was vorher ungefragt übernommen wurde. Und mit einem Mal stand es im Raum und es wurde möglich, darüber zu sprechen.

#Leader Tipp von Anja

1. Schaue dir erst mal das Spiel mit der Macht von außen an, um zu verstehen, wer die Spielbeteiligten sind, und was gespielt wird.
2. Lerne die informellen Spielregeln zu verstehen.
3. Begib dich ins Spiel und spiele ein wenig mit, auch wenn du es zunächst befremdlich findest.
4. Fange langsam an, die Spielregeln zu hinterfragen, und ändere sie in kleinen Schritten. Das heißt, bringe die Themen auf den Tisch und sprich sie so an, dass niemand das Gesicht verliert oder sich bedrängt fühlt. Aber mache sie sichtbar und besprechbar. Erläutere die Vorteile für die Beteiligten, wenn sich Dinge ändern.
5. Involviere die Beteiligten in die Findung neuer Lösungen.
6. Und auch hier: Wenn du merkst, dass du laufend gegen Windmühlen kämpfst, suche dir zunächst Unterstützung. Und sei dir bewusst, dass Veränderung zunächst oft auf Widerstand stößt. Habe also Geduld mit den Spielkamerad*innen. Doch merke auch, wann es Zeit ist, das Spielfeld zu verlassen, weil sich alle Beteiligten weigern, sich zu bewegen. Dann ist es nicht dein Kontext, der dich dabei unterstützt, in deine Kraft zu kommen.

Erlebte Fälle von Machtspielen und möglicher Umgang damit

Nun möchte ich dir ein paar typische Fälle schildern, wie man mit Machtspielen umgehen kann. Ich will das nicht lang und breit in der Theorie beschreiben, sondern erlebte Fälle und meinen Umgang damit erzählen. Und das sind nicht nur Fälle, die ausschließlich ich erlebt habe, sondern auch solche, die mir von vielen anderen Frauen aus meinem Netzwerk berichtet wurden. Somit sind das keine Einzelerlebnisse.

Ich habe erlebt, dass besonders Männer verstärkt Machtspiele spielen und ihre eigene Art haben, Macht zu demonstrieren. Doch es gibt auch Frauen, die darin ganz gut sind. Deshalb werde ich hier nicht nur explizit auf Männer hinweisen, sondern spreche vom Gegenüber oder dem anderen Menschen. Doch ab und an, wenn ich die Erfahrung gemacht habe, dass es sich hauptsächlich um Männer handelt, erwähne ich das auch so in den einzelnen Beispielen. Bei diesen Machtspielen geht es nicht nur darum, dass Menschen, die hierarchisch über dir stehen, diese Spiele spielen, sondern es können auch deine Mitarbeitenden sein. Ich unterteile hier ein paar Situationen, die in Meetings, im direkten One-to-one oder allgemein im Unternehmen häufig vorkommen.

Meetings:

- Die Sache mit dem Ausreden lassen
- Ideen-Klau
- Machtverhältnisse am Meeting-Tisch
- Meeting-Ende: Auch wenn schon alles gesagt wurde, ist noch nicht alles gesagt

Im One-to-one:

- Dein*e Gesprächspartner*in lässt dich warten
- Die Wirkung klarer Ansagen

Situationen, die allgemein im Unternehmen vorkommen:

- Schnelligkeit im Sprechen und in den Bewegungen
- Die Wirkung von Statussymbolen
- Berührungen, körperliches Verhalten und verbales Kleinmachen
- Emotionen werden als unprofessionell deklariert

Situationen in Meetings:

Die Sache mit dem Ausreden lassen

Es passiert immer wieder, dass andere Menschen einen nicht ausreden lassen. Das ist eine sehr bekannte Art zu versuchen, Macht auszuüben. Viele Frauen berichteten mir, Männer würden sie eher unterbrechen als andere Frauen.

Wenn man unterbrochen wird, dann führt die oder der Unterbrechende meist das bereits Gesagte mit eigenen Worten weiter. Oder ein neuer Aspekt, der als wichtig oder wichtiger erachtet wird, wird eingebracht.

Hier ist es elementar, dass du das unbedingt ansprichst. Egal, ob es deine Führungskraft ist oder einer deiner Mitarbeitenden. Am besten formulierst du das in etwa so, und zwar langsam und deutlich: »Ich bin noch nicht fertig.« Oder so: »Ich habe meinen Gedanken noch nicht zu Ende formuliert.«

Wenn es zur Situation passt: Du kannst es auch in eine Frage – am besten in einem freundlichen Ton – umwandeln: »Ist das hier üblich, sich nicht gegenseitig ausreden zu lassen?«

Und mit noch einer Prise mehr Humor kannst du auch so etwas formulieren: »Willkommen in meinem Satz. Ich bin schon gespannt, wie du (bzw. wie Sie) ihn fortführst (fortführen).«

Dieses Sichtbarmachen des Verhaltens ist wirklich Gold wert. Hier haben alle Kolleg*innen im Raum die Chance, sich Folgendes bewusst zu machen: Tolerieren wir Unterbrechungen oder befürworten wir es als ein Zeichen von Wertschätzung, das Gegenüber ausreden zu lassen?

Ideen-Klau

Bestimmt kennst du auch diese Situation: Du hast in einem Meeting eine zündende Idee und formulierst sie auch vor allen. Sie wird nicht ganz so enthusiastisch aufgenommen, wie du dachtest. Ein paar Minuten später äußert ein männlicher Kollege die genau gleiche Idee. Er formuliert sie etwas anders in seinen Worten. Und hier nicken nun alle in der Runde ganz begeistert und zustimmend.

Deborah Tannen, international bekannte amerikanische Soziolinguistin, Professorin für Linguistik an der Georgetown University und erfolgreiche Bestseller-Autorin hat in ihren Studien über das Kommunikationsverhalten von Frauen und Männern in der Arbeitswelt herausgefunden: Ideen, die von Männern ausgesprochen werden, finden spontan mehr Zustimmung als Ideen, die von Frauen kommen. Auch wenn sie inhaltlich genau auf das Gleiche abzielen, wenn das Gleiche gesagt wird. Das liegt daran, dass man Männern unbewusst mehr Kompetenz, mehr Sachverstand zuweist. Wir denken in Stereotypen, in denen Frauen und Männer immer noch verhaftet sind.[31]

Das sollte in dieser Führungskräfte-Runde von dir direkt und laut kommuniziert werden, wenn dir auffällt, dass dein Kollege deine bereits ausgesprochene Idee lediglich in seinen Worten wiederholt. Es macht keinen Sinn, dass erst nach dem Meeting unter vier Augen mit ihm zu besprechen, sondern du darfst da direkt vor allen anderen in die Vollen gehen. Warum? Weil es so allen bewusst wird und alle ihr Denken schulen können.

Am besten ist, du formulierst das in etwa so: »Finde ich klasse, lieber Sven (Herr Schmidt), dass du meine Idee (meinen Gedanken) direkt noch mal aufgreifst. Wie vorhin von mir schon beschrieben, will ich noch mal betonen, dass …«

Somit ist allen klar, dass du die Lieferantin bzw. die Themengeberin der Idee bist und dass dein Kollege sie lediglich von dir gestohlen und umformuliert hat. Lass dir also unter keinen Umständen deine Idee oder deinen Vorschlag stehlen.

Machtverhältnisse am Meeting-Tisch

Vielleicht ist es dir schon aufgefallen, dass einige Menschen, die hierarchisch übergeordnete Positionen einnehmen, auch am Meeting-Tisch eine gewisse Attitude an den Tag legen. Sie breiten ihre Unterlagen meist weit verteilt vor sich auf dem Tisch aus und nehmen oft auch eine sehr raumgreifende Haltung ein. So wird das eigene Revier am Meeting-Tisch markiert.

Was können Frauen tun, um sich in solchen Führungsrunden nicht unbedeutend oder gar unwichtig zu fühlen?

Die eigene Körperhaltung wird manchmal ganz schön unterschätzt. Doch setzt du dich selbst Königinnen-ähnlich an den Tisch, dann fühlt sich das für dich selbst schon viel bedeutsamer an. Du fühlst dich größer, stärker und wichtig für diese Besprechungsrunde.

Probiere es aus und nimm eine königliche Haltung ein. Mach dich groß, setze dich aufrecht hin, lege deine Unterarme und Hände vor dich auf den Tisch und verschwinde auf keinen Fall hinten im Stuhl. Schaue die Menschen um dich herum offen an, blicke ihnen der Reihe nach interessiert in die Augen.

Lege deine Sachen gut sichtbar und gut verteilt vor dir auf den Tisch. Und wenn du normalerweise nichts zu einem Meeting mitnimmst, dann packe beim nächsten Mal dein Tablet, Smartphone, deinen Schlüsselbund, deinen Kugelschreiber, dein Notizbuch – was auch immer es sein mag – ein und verteile das breit vor dir auf dem Tisch. Wie fühlt sich das für dich an? Komisch? Vielleicht, doch …

… die Wirkung nach außen ist: Du machst allen sichtbar, dass du hier mit deinem markierten Revier keine unbedeutende Rolle am Tisch spielst.

Ich fand das erst auch sehr komisch, bis ich es in einem Meeting mit lauter Männern selbst einmal ausprobiert habe. Und danach habe ich es in solchen Situationen immer und immer wieder getan. Es fühlte sich gut an und ich war in der Runde akzeptiert, denn ich nahm meinen Raum ein. Ein einfacher Trick, wenn es um die eigene Auftrittskompetenz und Körperhaltung geht. Den Mund aufmachen brauchst du dabei kein einziges Mal.

Meeting-Ende: Auch wenn schon alles gesagt wurde, ist noch nicht alles gesagt

Auch das ist dir vielleicht bekannt und fällt immer wieder auf: Meetings dauern oft deshalb so lange, weil besonders die Männer stets zu Wort kommen möchten, selbst wenn sie nur das wiederholen, was sowieso schon gesagt wurde. Oft wird das dann so eingeleitet: »Ich will nur kurz etwas sagen …« Und dann greifen sie besprochene Punkte noch mal auf und bauen noch etwas hier und da herum ein. Damit unterstreichen sie, dass sie eine wesentliche Meinung haben und es wichtig ist, von allen gehört zu werden.

Das kann dir in Meetings unter Führungskräften passieren und als Führungskraft mit deinem eigenen Team. Auch deine männlichen Mitarbeitenden können den Wunsch haben, von allen gehört und als wichtig angesehen zu werden – und werden dieses Spiel vermutlich spielen wollen. Aus der Perspektive von Frauen sind solche Machtspiele unnötig. Denn Themen müssen nicht wiederholt werden, wenn sie bereits ausreichend gut diskutiert wurden. Insgesamt kostet so ein Verhalten eine Menge Zeit und hält das ganze Team vom effizienten Arbeiten ab.

Was kannst du dagegen tun? Du sprichst es an: »Mir fällt gerade auf, dass wir hier vieles wiederholen, was bereits konstruktiv besprochen wurde. Möglicherweise liegt das daran, dass bei uns die

Regel gilt: Es ist bereits alles gesagt, nur noch nicht von jeder und jedem. Mit Blick auf eine effiziente Arbeitsweise schlage ich vor, dass ein bereits besprochenes Thema nicht noch mal von allen ergänzt werden muss.«

Wenn das im Team thematisiert wurde, dann leuchtet das oft auch allen ein. Und dann kann man im Team gemeinsam Regeln für Redebeiträge entwickeln. Entweder arbeitet man mit Timeboxing und alle können sich maximal zwei Minuten zu einem Thema äußern. Dabei bleibt man streng und unterbricht den Redefluss direkt nach zwei Minuten. Oder man findet eine andere Regel und macht sich beispielsweise im Team auf eine humorvolle oder andere wertschätzende Art darauf aufmerksam, wenn sich wieder einmal ein paar Menschen redetechnisch in Szene setzen möchten.

Situationen im One-to-one

Dein*e Gesprächspartner*in lässt dich warten

Manchmal ist es schon vorgekommen, dass mich jemand Ranggleiches (oder Rangniederes) vor einer gemeinsamen Vier-Augen-Besprechung warten ließ. Und das ist kein seltener Fall, sondern wurde mir von vielen anderen Frauen auch erzählt. Viele berichteten sogar, dass es in ihrem Fall ausschließlich Männer waren, die sie warten ließen.

Wie also kannst du damit umgehen, wenn du pünktlich zu eurem gemeinsamen Termin erschienen bist, jedoch auf deine*n Gesprächspartner*in warten musst? Und dabei vielleicht auch das Gefühl hast, dass jemand über deine Zeit herrscht?

Für mich ist das ein Zeichen von Macht, wenn derjenige oder diejenige aus der gleichen Ebene wie du (oder sogar darunter) zwar weiß, dass man mit dir einen Termin vereinbart hat, doch gerade parallel zum Beispiel ein »sehr wichtiges« Telefonat geführt wird.

Mein Tipp dazu lautet: Gerade wenn es auf gleicher (oder sogar auf niederer) Hierarchieebene erfolgt, solltest du absolut nicht gefügig sein. Es ist eine Machtdemonstration über deine Zeit. Deshalb gehe nach spätestens zehn bis zwölf Minuten. Und lass über die Assistenz der Person ausrichten, dass du heute selbst noch sehr wichtige Termine hast. Wenn er oder sie keine Assistenz hat, dann lass es über eine*n andere*n Kolleg*in weiterleiten. Und schreibe auch keine Mail im Nachgang oder stelle einen neuen Termin ein. Der neue Termin muss in jedem Fall von deiner/deinem Kolleg*in kommen.

Das klingt hart, ist jedoch genau das richtige Zeichen, deinem Gegenüber zu zeigen, dass du nicht jemand anderem die Herrschaft über deine Zeit gibst. So demonstrierst du, dass du wertschätzend und mit dem nötigen Respekt behandelt werden willst. Und genau mit dieser Art, damit umzugehen, verschaffst du dir Respekt.

Die Wirkung klarer Ansagen

Manchmal braucht es nur eine Nachricht. Keine lange Einleitung, keine langen Fragen. Vielleicht kennst du diese Menschen, die direkt anfangen zu klagen und an dein Mitgefühl zu appellieren, wenn du ihnen Feedback gibst oder eine Aussage triffst, die ihnen nicht so gut gefällt. Beispielsweise merkst du an, dass du mit dem Projektergebnis noch nicht glücklich bist, weil dir die so wichtige Zieldefinition fehlt. Und prompt hörst du von der Gegenseite, die Kapazitäten reichten wie immer hinten und vorne für das Projekt nicht aus. Oder du hörst: »Hey, ich mache doch sonst immer gute Arbeit.« Es werden also Gründe für das nicht fertige Projektergebnis genannt, die Mitgefühl erzeugen und bei dir Verständnis für diesen Zustand hervorrufen sollen.

Damit wird bezweckt – auch wieder bewusst oder unbewusst –, dass du dich mit deiner Kritik schlecht fühlen sollst. In gewisser Weise wirst du so manipuliert. Auch das ist eine Form eines Machtspiels. Schau dir das einmal genau an. Denn das solltest du auf jeden Fall auch abwehren können. Sonst kommen die Menschen immer wieder mit Ausreden und dem Appell an dein Mitgefühl damit durch.

Was also kannst du tun? Probiere es mal mit dieser erprobten Aussage: »Ich kann nachvollziehen, dass dir die Ressourcen fehlen, und doch ist das Ergebnis nicht gut.«

Oder: »Ich war auch schon mit Ergebnissen von dir zufrieden, das stimmt. Doch dieses Mal ist das Ergebnis nicht gut und ich bin nicht zufrieden damit.«

Wenn du dir das auf der Zunge zergehen lässt, dann merkst du, dass du damit nicht die Person schlechtmachst, sondern dass es nur auf die aktuelle Arbeit, auf das Ergebnis abzielt. Trenne hier klar die Sache von der Person. Und ziele mit deiner deutlichen Ansage nicht auf die Person ab.

Wichtig ist hier zu wissen: Viele Frauen können mit solchen direkten Botschaften nicht gut umgehen. Weil sie es gewohnt sind, anders zu kommunizieren. Für die Kommunikation mit Frauen in solchen Fällen: Biete mehr Erklärungen, warum du das so empfindest, dass das Arbeitsergebnis nicht zufriedenstellend ist. Bringe mehr Beispiele oder ein paar weitere Ergänzungen. Denn Frauen fühlen sich schneller persönlich angegriffen, wenn man direkte Ansagen macht. Sie können oft nicht so klar zwischen Person und Sache trennen und nehmen Ansagen persönlicher. Deshalb benötigen Frauen mehr Erklärungen.

Doch für Männer sind klare Ansagen oft passend und okay. Vielredner und Geschichtenerzähler brauchen einfache Botschaften.

Eine klare Ansage, die sich an einen Mann richtet, kann sich so anhören: »Ich bin deine Führungskraft und gebe dir eine klare Anweisung. Du hörst bitte sofort damit auf, die Leute so anzubrüllen. Habe ich mich klar ausgedrückt?«

Denn wie will man es sonst vermitteln, wenn einem der Umgangston der eigenen Mitarbeitenden nicht gefällt? Natürlich kann man mit Erklärungen und indirekter Aufforderung zu Verhaltensänderungen versuchen zu vermitteln, dass man so nicht mit anderen

Menschen umgeht. Doch wenn sich das nicht ändert, dann braucht es Klarheit in der Kommunikation. Und eine klare und unmissverständliche Ansprache. Das nennt sich dann Rangbotschaft. Dazu erfährst du im folgenden Unterkapitel mehr.

Mache dann gerne den Abschluss wie folgt: »Ist dir das jetzt klar?« Oder: »Hast du mich verstanden?« Und dann ergänze gerne noch wie folgt: »Gut, dann haben wir das geklärt und können mit der Arbeit weitermachen.«

In solchen Situationen hilft es sehr, sich selbst gerade aufzurichten und mit ruhiger, doch bestimmter Stimme zu sprechen. Vor allem rede langsam. Und schaue deinem Gegenüber in die Augen. Damit ist die Botschaft prägnanter und wirkt viel besser beim Gegenüber, als wenn du gehetzt und nach Luft hechelnd klingst.

Wichtig ist mir zu erwähnen, dass das hier so nicht für dich passen muss. Denn es kommt auch immer darauf an, welche schwierigen Fälle du im Team hast. Nicht allen Menschen muss man solche Ansagen machen. Und vielleicht hast du niemanden im Team, die oder den du so ansprechen musst. Umso besser.

Doch wenn du einmal in einer haarigen Situation nicht weiterweißt, dann kommt das vielleicht für dich infrage. Denn dafür bist du als Führungskraft da, dass du in bestimmten Situationen deutlich klarmachst, was im Team okay ist und welches Verhalten nicht toleriert wird. Oder welche Arbeitsergebnisse nicht gut sind. Denn harmonisch verpackte Botschaften passen nicht zu jeder Situation. Wenn du mit guten Erklärungen und der ausführlichen Beschreibung nicht weiterkommst, dann braucht es vielleicht einfach einmal eine klare Ansage.

Situationen, die allgemein im Unternehmen vorkommen

Schnelligkeit im Sprechen und in den Bewegungen

Hier geht es darum, wie du als Frau auf Männer wirkst, wenn du zu schnell sprichst. Denn ganz oft passiert es uns Frauen, dass wir das Sprechtempo anziehen, wenn wir etwas erklären wollen oder etwas klarstellen wollen, was uns ärgert.

Dann verfallen wir in eine schnelle Sprechweise und auch unsere Gesten werden schneller. Doch für Männer sind schnelle Gesten und schnelles Sprechen eher unangenehm. Und sie schalten ab, wenn du zu schnell durch deinen eigenen Text galoppierst.

Daher versuche, dein Sprechtempo herunterzufahren, wenn du Gegenargumente anführen willst. Lauter zu werden brauchst du eigentlich nicht, lediglich das Tempo ist entscheidend, ob Männer dir folgen können.

Und eine weitere Sache zur Schnelligkeit möchte ich gerne noch mit dir teilen. Ist dir auch schon einmal aufgefallen, dass es Menschen gibt, die sehr schnell durch die Etagen und die Büroflure laufen? Man hat immer so das Gefühl, hier hat es jemand verdammt eilig und muss dringend irgendwelche Aufgaben erfüllen. Und genau da steckt der Teufel im Detail: etwas erfüllen müssen. Es wirkt so, bei einem entsprechenden Lauf- und Arbeitstempo, dass man Befehlsempfängerin ist. Und so wird man von den anderen meist auch als Erfüllungsgehilfin wahrgenommen. Bei zu hoher Geschwindigkeit drückt man also hauptsächlich Dienstfertigkeit aus und kommt als Zeitzwergin rüber. Denn wofür sollten die eingesparten 30 bis 60 Sekunden auch gut sein?

Es wurde übrigens wissenschaftlich durch den Neurobiologen Joachim Bauer[32] untersucht, wie Lehrer*innen sich in Klassen am besten bewegen sollten. Nämlich wie ein großes Tier. Sich gelassen und souverän bewegen – und ganz gemächlich.

Menschen, die etwas zu sagen haben, rennen also am besten nicht. Es hat eine andere Wirkung, wenn man bedächtig und entspannt läuft. Denn langsame Schritte verdeutlichen in der Regel mehr Einfluss. Langsame Bewegungen wirken machtvoller.

Selbst wenn du gerade noch nicht in einer Führungsposition bist, dann übe dich doch direkt jetzt schon im entspannten Laufen. Das macht etwas mit dir. Ich habe mir das auch irgendwann antrainiert, entspannt zu laufen und die Hektik aus meinen Bewegungen zu eliminieren. Das gibt mir selbst eine gewisse innere Ruhe, weil ich im Außen nicht so unruhig bin.

Die Wirkung von Statussymbolen

Heutzutage hat es sich schon ein wenig verändert, doch noch immer sind Dienstwagen, individuell eingerichtete Chefbüros mit Designbüromöbeln oder auch eine teure PC-Ausstattung mit großem Monitor Zeichen von Macht. Es ist nach außen ein Ausdruck des betrieblichen Rangs.

Damit wird die Hierarchie untermauert und die Macht, die man als Manager*in zu haben glaubt, nach außen gezeigt. Für viele Menschen im Management ist es auch noch immer sehr wichtig, diese Dinge zu besitzen. Sie sehen es als Zeichen der Anerkennung durch die Geschäftsleitung, wenn ihnen diese Symbole der Macht zugesprochen werden. Frei nach dem Motto: »Nur das Beste für die Besten.«

Sei dir einfach bewusst, dass du, wenn du den Dienstwagen oder das Einzelbüro, das man dir anbietet, ausschlägst, diese Statussymbole nicht nur für dich, sondern für alle im Unternehmen, die sie bereits innehaben, infrage stellst. Und das sehen deine Mit-Führungskräfte unter Umständen kritisch. Denn für einige oder auch alle von ihnen geht es hierbei um die Insignien der Macht. Und sie möchten auf ihre Statussymbole nicht verzichten.

Wenn du allerdings keinen Dienstwagen brauchst und dir das individuelle Einzel-Eckbüro nicht so wichtig ist, dann versuche, ein paar andere Insignien der Macht zu bekommen und hierbei geschickt zu verhandeln. Beispielsweise eine BahnCard 100, ein modernes Dienst-E-Bike, eine besonders ergonomische Büroeinrichtung, Kunst für dein Büro, das neueste Smartphone und Tablet, einen großen Monitor, eine eigene Assistenz, häufige Auftritte auf Podiumsdiskussionen, öffentliche Auftritte im Namen des Unternehmens etc.

Wichtig ist einfach: Es ist klar, welche Aufgabe du im Unternehmen innehast. Und solange solche Machtdemonstrationen für viele noch elementar sind, solltest du nicht darauf verzichten und dich da nicht ganz rausnehmen.

Was du jedoch tun kannst, ist, das in Meetings anzusprechen und zu thematisieren. Manchmal ist es vielen nicht bewusst, dass es hier um die Bekundung von persönlicher Macht und Status geht und eigentlich dem Unternehmenszweck gar nicht dient. Wenn das Unternehmen, für das du arbeitest, die Unternehmenskultur verändern will und wegkommen mag von Machtgebaren, dann kann man diese Insignien der Macht durchaus diskutieren und sie abschaffen bzw. durch zeitgemäße Insignien ersetzen.

Berührungen, körperliches Verhalten und verbales Kleinmachen

Machtspiele werden oft auch über Berührungen des Gegenübers gespielt. Vielleicht ist es dir schon passiert, dass dir bei der Begrüßung nicht nur die Hand gereicht wurde, sondern dein Gegenüber seine Hand auf deinen Unterarm gelegt hat. Das sind solche Begrüßungssituationen, in denen dein Gegenüber über diese Berührung versucht, dich körperlich unterzuordnen.

Eine simple Möglichkeit, das wieder ins Lot zu bringen, ist folgende: Lege ebenso deine freie Hand kurz auf den Unterarm deines Gegenübers. Damit hast du wieder Ranggleichheit hergestellt. Ich habe das öfters so gehandhabt und konnte damit in diesem Spiel klarmachen, dass ich eine ebenbürtige Gesprächspartnerin bin. Das hört sich seltsam an, doch gegen die Hand deines Gegenübers auf deinem Unterarm kannst du erst mal nichts tun, außer gut zu kontern.

Dann kennst du vielleicht auch körperliches Machtverhalten. Vielleicht seid ihr gerade in einer hitzigen Diskussion und dein Gegenüber steht vom Tisch auf und spricht stehend über dir weiter, redet auf dich ein. Das ist auf jeden Fall auch eine Machtdemonstration, denn hier signalisiert der Größenunterschied schon, dass sich jemand über dich erhebt.

Mein Tipp: Du stehst auch auf und ihr beide diskutiert im Stehen weiter. Denn so bist du, was die körperliche Größe angeht, wieder einigermaßen auf Augenhöhe, denn das Größenungleichgewicht ist wiederhergestellt.

Eine ähnliche Situation kann dir jedoch auch bei einem kurzen Gespräch auf dem Büroflur oder in der Büroküche passieren. Jemand, der um einiges größer ist als du, hält dich auf und spricht mit dir – im Stehen. Auch hier gibt es je nach Körpergröße deines Gegenübers ein Größenungleichgewicht, das auf dich unangenehm wirken kann. Versuche hier, wenn du dich dabei nicht wohlfühlst, das Gespräch schnell abzubrechen – zum Beispiel mit dem Hinweis, du müsstest zu deinem nächsten Termin –, und biete einen neuen Gesprächstermin an, um es weiterzuführen. Dann kannst du in dein Büro oder in ein Besprechungszimmer einladen und ihr führt das Gespräch im Sitzen fort, auf Augenhöhe.

Es hört sich vielleicht ein wenig seltsam an, so vorzugehen, doch es macht einen Unterschied, ob man sich beim Reden auf Augenhöhe begegnen kann oder ob man zu einer Person hinaufschauen muss. Viele Menschen berichten davon, dass sie sich so nicht gut fühlen in ihrer Haut. Sie haben das Gefühl, dominiert zu werden, wenn ein anderer Mensch auf sie herabsieht. Und das sollte beim Vorbringen deiner Argumente nicht passieren, dass du dich dominiert fühlst.

Und dann gibt es auch noch das verbale Kleinmachen. Beispielsweise, wenn dich jemand in der Diskussion mit »junge Frau« anspricht. Das sind übrigens in den meisten Fällen Männer, die Frauen so ansprechen. Und es ist auch ein Machtspiel, denn dein Gegenüber will damit zeigen, dass du als »junge Frau« in seinen Augen nicht so kompetent bist. Manche sind sogar so frei, dich »Schätzchen« zu nennen oder mit anderen netten Kosenamen um sich zu werfen. Das ist natürlich extrem frech und du solltest das auf keinen Fall so stehen lassen. Am besten ist, du ergänzt deine Antwort direkt um ein »Honey Bunny« oder »Bärchen«, in einer ganz ruhigen und freundlichen Sprache. Du wirst dich wundern, wie schnell so was aufhört.

Nun kann es auch passieren, dass man offen an deiner Kompetenz zweifelt und dich verbal kleinmachen will. Vielleicht sagt jemand so etwas zu dir: »Sie als junge Frau wollen uns alten Hasen also was zu Thema xy erzählen. Haben Sie überhaupt eine Ahnung von diesem Thema?«

Was hier auf jeden Fall Sinn macht, ist, danach zu schauen, welcher sachliche Aspekt von dir angesprochen werden könnte. Darauf solltest du dich dann fokussieren. Und dann bleibe konsequent in der sachlichen Diskussion. Deine Antwort könnte lauten: »Lassen Sie mich rein auf die Sache eingehen: Fünf Jahre Erfahrung als Expertin zu diesem Thema befähigen mich durchaus, Ihnen hierzu eine Menge an elementaren Informationen an die Hand zu geben.«

Bei allem, auch bei Frauen-Witzen, ist es schlussendlich wichtig, wie es bei dir ankommt. Wenn du mit manchen Äußerungen und Zuschreibungen klarkommst, dann ist das in Ordnung und du lachst einfach, wenn dir danach ist. Doch wenn du dich als Frau angegangen fühlst und das Gefühl hast, durch das Gesagte als minderwertig betrachtet zu werden, dann ist es völlig in Ordnung, das zu thematisieren. Gerade auch, wenn du es als Sexismus empfindest. Sexismus ist Sexismus und muss auch so betitelt werden. Und niemand muss eine Äußerung oder einen Spruch über sich oder sein Geschlecht stumm ertragen, vielleicht aus der Sorge, dann die Stimmung negativ zu beeinflussen.

Überlege dir am besten in einer ruhigen Minute, wo du für dich persönlich einen Schlussstrich ziehen möchtest. Was geht gegen deine Werte? Wo kannst du auf keinen Fall mehr still sein?

Doch wie kannst du dich bei einem frauenfeindlichen Spruch oder Witz wehren? Versuche es gerne einmal so: »Was Sie gerade gesagt haben, ist nicht okay.« Oder: »Ich teile Ihren Humor nicht.« Ergänzend kannst du auch noch hinzufügen: »... weil ich das als beleidigend/herabwürdigend/diskriminierend empfinde und es mich (oder andere Menschen) verletzt. Und ich möchte in diesem Meeting gerne professionell bleiben.« Und es geht sogar noch eine Stufe schärfer: »Ich zitiere Sie damit wortwörtlich in den sozialen Medien. Ich bin auf den Shitstorm gespannt, den Sie ernten.« Doch achte darauf, dass du in einem höflichen und entspannten Ton konterst.

Entscheide für dich immer wieder aufs Neue, ob und wie du auf Bemerkungen und Witze eingehen magst. Ein Gegenangriff erzeugt leider oft das Gegenteil, man wird als noch zickiger wahrgenommen. Und dann wird man bei nächstbester Gelegenheit wieder vorgeführt. Das ist sehr schade, doch leider oft noch genauso der Fall. Da lohnt es sich, einen kühlen Kopf zu bewahren, kurz nachzudenken und sich dann nur auf die sachlichen Aspekte zu konzentrieren. Oder zu sagen, dass man diesen Humor auf keinen Fall teilt, und das in einer freundlichen und entspannten Art und Weise artikuliert. Das verbale Kleinmachen oder den Angriff zu ignorieren ist in manchen Fällen vielleicht die Lösung, um den Ausgang des Gesprächs oder des Meetings nicht zu gefährden. Dann kann man im Anschluss immer noch ein Vier-Augen-Gespräch mit der Person suchen und das klarstellen.

Du kannst dich jedoch immer bewusst entscheiden, dich in Unterhaltungen und Meetings nicht angreifen zu lassen. Du kannst die sexistische Äußerung thematisieren oder du führst die Kommunikation wieder auf die Sachebene zurück. Oder beides gemeinsam.

Das kann dir helfen, zu einer Gelassenheit und Souveränität im Umgang mit besonders schwierigen Menschen zu gelangen.

Emotionen werden als unprofessionell deklariert

Bestimmt hast du schon erlebt, dass man dich als »zickig« oder »hysterisch« bezeichnet oder dich gefragt hat, ob du »deine Tage« hast, wenn du wütend wurdest. Oder deinen Standpunkt energisch verteidigt hast. Auch diese Äußerungen deuten auf ein Machtspiel hin.

Hier ist es auch wichtig, dass du gelassen bleibst. Denn wenn du dich noch mehr sichtbar ärgerst, fühlen sich die Männer, die meist dieses verbale Machtspiel spielen, in ihrer Annahme noch mehr bestätigt.

Mein Tipp ist, dass du in einem ruhigen Ton dagegenhältst, ob man einen Mann, der sich gerade auch über das genau Gleiche geärgert oder seinen Standpunkt verteidigt hat, auch als zickig oder hysterisch beschreiben würde. Oder ob man ihn fragen würde, ob er gerade seine Tage hat. Stelle einfach einmal diese Gegenfrage. Das hilft oft schon viel und regt dein Gegenüber zum Reflektieren an.

Frauen sind nicht zu emotional im Job. Oder möchte man schreiende Männer, die mit der Hand auf den Tisch schlagen, wirklich als emotionslos bezeichnen?

Vielleicht ist es dir nicht entgangen: Heute spricht man viel mehr darüber, inwieweit Emotionen Bestandteil der Arbeitswelt sind. Man hat anscheinend verstanden, dass Menschen nicht nur aus ihrem klaren Verstand, sondern auch aus ihren Emotionen heraus reagieren und handeln. Und dass das genauso berechtigt ist. Denn zum Menschsein gehören die Emotionen dazu, die man eben nicht morgens am Empfang an der Garderobe abgibt und die man abends beim Verlassen des Unternehmens wieder überzieht. Menschen sind ganzheitlich zu betrachten[33]. Und wenn man gerade einen Todesfall oder eine Trennung verarbeitet, dann kann man das nicht von sich abtrennen und im Job so tun, als wäre nichts. Denn es hat Einfluss auf die Leistung und die Energie, die man an den Tag legen kann. Das wird immer mehr und immer besser verstanden: Menschen sind keine Maschinen. Und das ist aus meiner Sicht auch gut so.

Nun weißt du Bescheid, wie das mit den Machtdemonstrationen läuft. Viele Frauen, die diese Dinge ausprobierten, berichteten mir hinterher, dass sie sogar Spaß daran fanden, diese Spiele mitzuspielen. Besonders dann, wenn sie wahrgenommen wurden und eine gute Wirkung damit erzielten.

Ich sehe es so: Es ist wie beim Spieleabend. Da lässt man ja auch nicht immer die anderen gewinnen, nur damit Harmonie herrscht. Und wir können auch nicht voraussetzen, dass den anderen Harmonie besonders wichtig ist und sie deshalb ebenfalls aufs Gewinnen verzichten würden. Freu dich also, wenn dir ein kluger Zug gelingt und du das Spiel damit sogar gewinnst.

Die größten Stolpersteine für Frauen in Führung

Nun geht es noch um die größten Stolpersteine, die dir als Führungskraft im Weg liegen könnten. Und das sind meine und Anja Kirsammers Erfahrungen und die Erlebnisse vieler Frauen, mit denen ich über Führung sprach.

1. Frauen gehen Diskussionen und Konflikten gerne aus dem Weg und verpassen dadurch die Chance, Position zu beziehen und für die eigenen Überzeugungen einzutreten. Dadurch verpassen sie es, als kompetente Führungskräfte sichtbar zu werden.

Das hat oft damit zu tun, dass Frauen tendenziell nicht so gut die Sach- von der Beziehungsebene trennen können. Eine Sache kann hart diskutiert und verhandelt werden. Doch das bedeutet nicht, dass wir uns als Menschen deshalb nicht leiden können und uns menschlich verurteilen.

Das Interessante ist: Männer können das ganz gut. Sie können hart verhandeln, sich in der Sache so richtig fetzen – und abends wieder ganz entspannt ein Bier zusammen trinken. Sie haben sich also als Person deswegen nicht verurteilt, sondern konnten die beiden Ebenen trennen. Anders funktioniert es nicht, will man wieder gemeinsam etwas essen oder trinken gehen.

Frauen fällt es tatsächlich tendenziell schwerer, beides zu trennen, weil sie vieles auf sich als Person beziehen. Es macht also Sinn, dass du selbst gezielter darauf achtest, wenn es zu einem Konflikt kommt, und es macht auch Sinn, genau darüber mit deinem Gegenüber zu sprechen. Also mit der Person, mit der du den Konflikt hast. Es geht um die Sache, es wird um die beste Lösung gerungen und das hat nichts mit der jeweils anderen Person zu tun.

Übrigens kann es auch andersherum passieren: Leute aus deinem Team reduzieren dich hauptsächlich auf das Sachliche. Auf deine Rolle als Führungskraft, auf die Funktion, die du im Unternehmen eingenommen hast. Ich weiß aus eigener Erfahrung: Wenn ich ein Projekt beendet hatte oder auch ein Unternehmen verlassen hatte, verlor sich recht bald der Kontakt zu den ehemaligen (Projekt-)Mitarbeitenden und Kolleg*innen. Auch wenn man sehr eng mit seinem Team gearbeitet, sich gut verstanden hatte, loyal und verbindlich war. Man kann das darauf zurückführen, dass die ehemaligen Mitarbeitenden oder Projektkolleg*innen nicht zu uns als Person loyal, sondern unserer Rolle gegenüber loyal waren.

#Leader Tipp von Anja

Trenne die Sache von der Person. Sobald du in einer Diskussion oder einer Verhandlung merkst, dass es sich in der Bauchgegend unangenehm anfühlt, dann frage dich selbst, ob die Diskussion gerade mit dir als Person zu tun hat. Oder nur mit der Sache, die du vertrittst. Mache dir das regelmäßig klar und du wirst merken: Bald nimmst du nicht mehr so viel persönlich.

2. Der Einfluss von unbewussten Rollenerwartungen auf unsere Wahrnehmung, Bewertung und unser Verhalten führt zum Likeability-Dilemma.

Wir Menschen möchten gerne gemocht werden. Besonders Frauen treibt es an, die unbewusste Rollenerwartung, die an sie gestellt wird, nämlich nett, freundlich und zuvorkommend zu sein, erfüllen zu wollen. Viele Frauen streben oft unbewusst nach Harmonie und halten Spannungen nicht so gut aus.

Oft heißt es landläufig: »Wenn du gemocht werden willst, dann kaufe dir einen Hund, aber werde keine Führungskraft.« Da ist etwas Wahres dran.

Denn in einer Führungsposition kommt es auch zu Situationen, in denen man dich nicht so gerne mag. Du musst auch unpopuläre Entscheidungen im Sinne des Unternehmens treffen, die nicht jeder und jedem im Team gefallen. Dann wirst du von deinen Leuten auch mal nicht gemocht, weil es nicht alle gut finden, was du da entschieden hast.

#Leader Tipp von Anja

Wenn du das Gefühl hast, in diesem Likeability-Dilemma zu stecken, dann stelle dir folgende Fragen:

1. Wenn es dir nur um die Sache gehen würde, wie würdest du handeln?
2. Inwieweit ist dein Gefühl bzw. dein Verhalten davon beeinflusst, dass du anderen gefallen möchtest?
3. Wenn du ganz frei entscheiden könntest, wenn du das tun könntest, was zu dir, deiner Persönlichkeit und deinem Wertesystem passt, was würdest du dann tun?
4. Was ist dein Gewinn?
5. Was könnte im schlimmsten Fall passieren? Was ist vielleicht der Preis?
6. Entscheide dich nun bewusst und handle danach.

Du wirst es nie allen recht machen können. Deshalb sorge dafür, dass du es dir recht machst.

3. Frauen in Führung treten gerne einmal in die Perfektionsfalle und gehen sehr kritisch mit sich selbst und anderen Menschen um. Viele Frauen erwarten oft Perfektion von sich in allen Bereichen. Das liegt in der Regel mit an den Rollenerwartungen, die sich immer noch in unserer Gesellschaft finden. Frauen werden weniger Führungskompetenzen zugeschrieben als Männern. Und wenn Frauen dann in Führung sind, verfestigt sich bei ihnen der Eindruck, dass sie es noch besser machen müssen als Männer. Das bringt Frauen dazu, von sich Höchstleistungen zu fordern und vermeintliche Erwartungen anderer perfekt erfüllen zu wollen. Und das führt dazu, dass Frauen sehr gewissenhaft und sehr exakt arbeiten. Deshalb haben sie auch großen Respekt vor Fehlern und verzeihen sich diese selbst am wenigsten. Entsteht doch so vermeintlich der Eindruck, dass sie kritisch daraufhin beurteilt werden, es als Führungskraft »nicht drauf« zu haben.

Einige Frauen übernehmen gerne männliches Verhalten, weil sie glauben, so erfolgreicher zu sein. So wurde es auch jahrelang vorgelebt – Männer sind angeblich die erfolgreicheren Unternehmer, Führungskräfte und Vorstände. Frauen verbinden dann damit, dass sie sich männlich verhalten müssten, um erfolgreich zu sein.

Schade ist hierbei, dass sie das, was sie eigentlich ausmacht, nämlich das Frausein, verlieren. Ihre weibliche Identität geht verloren. Und dann wiederum sehen sie andere Frauen extrem kritisch und akzeptieren auch von diesen Frauen nur perfekte Arbeit. Dabei merken die Frauen in Führung nicht, wie angespannt, freudlos und wenig gelassen sie sind und wie unangenehm sich ihr Verhalten auf ihr Umfeld auswirkt. Diese Frauen wirken nervös, haben immer die Sorge, dass etwas schiefgeht, und sind deshalb sehr kontrollierend. Damit unterbinden sie jedoch die Kreativität bei ihren Mitarbeitenden, da niemand eine Idee vorstellen wird, die nicht perfekt zu Ende gedacht ist. Innovationen werden verhindert, weil die Mitarbeitenden zu große Sorge haben, dass durch den Perfektionismus der Chefin kein Raum für das Ausprobieren bleibt, wobei auch mal Fehler passieren könnten. Durch den Perfektionismus werden keine Risiken eingegangen und man hält sich mit Kleinigkeiten auf, weil anderweitig zu viel schiefgehen könnte.

Es ist durchaus positiv, hohe Standards zu haben, doch es ist für das Team absolut hinderlich, wenn es ständig kontrolliert wird. Es ist wichtig, tolerant mit anderen Menschen umzugehen. Und dazu gehören auch ein freundlicher und toleranter Umgang mit sich selbst.

Denke daran: Es reicht, wenn Frauen ihren Job genauso gut machen wie ein Mann. Und wenn ein Mann seinen Job zu 60 Prozent gut macht, dann reicht es, wenn eine Frau ihren Job auch zu 60 Prozent gut macht. Dann muss sie nicht an die 100 Prozent heranreichen, während man bei einem Mann 60 Prozent toleriert. Wenn wir weiter die Perfektion von Frauen in allen Bereichen fördern, dann werden viele an ihren Selbstzweifeln scheitern. Und bleiben dadurch im Unsichtbaren und trauen sich nicht genug zu.

Besinne dich also auch auf deine weiblichen Stärken wie Kooperationsfähigkeit, Teamfähigkeit, Engagement, Mitgefühl, Konsensorientierung, Zuverlässigkeit oder auch auf den »Blick aufs Ganze«. Dieser »Blick aufs Ganze« kann auch als unternehmerische Weisheit betitelt werden. Das sind alles wichtige Eigenschaften. Und sie sollten als genauso wichtig angesehen werden wie das, was man unter einem sogenannten männlichen Führungsstil versteht.

Gerade in diesen Zeiten wird immer mehr davon gesprochen, dass es die sogenannten weiblichen Führungseigenschaften braucht, um als Unternehmen gut durch Krisen zu kommen und einen nachhaltigen wirtschaftlichen Erfolg zu erzielen. So ist es schon der Headline eines Artikels des Harvard-Business-manager-Magazins aus dem Sommer 2022[34] zu entnehmen: »Frauen im Vorteil. Die wichtigste Eigenschaft von Führungskräften beherrschen Frauen doppelt so gut wie Männer. Sie strahlen eher Weisheit und Mitgefühl aus.«

Das ist also die Art von zeitgemäßem Leadership. Führungsmacht allein aufgrund der zugewiesenen Hierarchie auszuleben ist »out«. Deine Eigenschaften sind wichtig, um eine andere Art von Führungsverhalten und Führungsstil ins Unternehmen zu bringen.

#Leader Tipp von Anja

1. Mache dir bewusst, warum du jetzt gerade so viel Perfektion von dir und deinem Team forderst. Ist das wirklich nötig? Oder reicht hier, es auch halb so gut zu machen? Habe Mut dazu.
2. Sei nachsichtig mit dir selbst und gehe wohlwollend mit dir um. Und überlege, was du zu deiner besten Freundin sagen würdest, wenn sie gerade in deiner Haut stecken würde.
3. Sei kein besserer Mann. Wertschätze deine weiblichen Eigenschaften und Stärken und sei für andere das Role Model, das du dir auch immer gewünscht hast.

4. Frauen schließen auch mal gerne von sich auf andere und sind enttäuscht, wenn andere Menschen andere Werte haben oder Themen anders angehen.[35]

Und hier ist wieder die kritische Selbstreflexion[36], die ich mit als wichtigste Eigenschaft einer Führungskraft sehe, wesentlich. Viele Probleme in der Führungsarbeit könnten vermieden werden, wenn du den eigenen Anteil an dem, was tagein, tagaus im Team passiert, öfters in den eigenen Fokus rückst. Du nimmst dann die sogenannte Adlerperspektive ein und schaust von oben auf dich selbst. Da wird – wenn man ganz ehrlich zu sich selbst ist – so einiges sichtbar. Beispielsweise, dass du insgeheim erhoffst, die Menschen in deinem Team mögen genauso engagiert, freudig und schnell sein wie du. Und einen ähnlichen Arbeitsstil an den Tag legen wie du.

Doch andere Menschen ticken durchaus anders als du und haben andere Bedürfnisse und Prioritäten. Und das solltest du keineswegs persönlich nehmen. Sie agieren nicht anders, weil sie dich ärgern oder dir schaden wollen. Sondern weil sie entsprechend ihren Motiven und Werten agieren.

Schau einmal aus der Adlerperspektive auf dich drauf: Hast du den Eindruck, sehr ehrgeizig zu sein und Themen ganz schnell umzusetzen? Und bist du dann schnell genervt, weil Mitarbeitende für ein Thema einiges mehr an Zeit brauchen? Vielleicht hast du einen hohen Qualitätsanspruch an Präsentationen und wie sie gestaltet sein müssen. Und bist dann enttäuscht, wenn deine Mitarbeitenden nicht ganz so kreativ bei der Gestaltung von Folien sind. Vielleicht macht es dir nichts aus, auch einmal ein paar Überstunden in Kauf zu nehmen, weil ein Projekt fertig werden muss. Und es enttäuscht dich, dass Mitarbeitende nach exakt acht Arbeitsstunden ihren PC herunterfahren und in ihr Privatleben eintauchen. Vielleicht bist du in Workshops sehr energiegeladen und sprudelst vor Ideen und es nervt dich, wenn Mitarbeitende von dir eher still sind und sich nur wenig einbringen.

Wenn dir das öfters auffällt, dass du enttäuscht und genervt bist, dann stelle dir in den Situationen diese Art von Fragen:

- Sind meine Mitarbeitenden vielleicht deshalb so initiativlos, weil ich so energiegeladen bin, zu allem etwas weiß oder eine Meinung habe und sie sich davon überrollt fühlen?
- Ist mein Anspruch an Qualität immer passend oder reicht auch einmal die PowerPoint-Version, die mein*e Mitarbeiter*in erstellt hat, aus?
- Warum ist es mir so wichtig, dass die anderen auch Überstunden machen? Wie gut kann ich damit leben und umgehen, dass meine Mitarbeitenden sich um ihren ganzheitlichen Lebensentwurf, bestehend aus Arbeit und Privatleben, kümmern?

Von sich auf andere zu schließen ist ein großer Stolperstein in der Führungsaufgabe. Daher ist es bedeutend, dass du dich immer fragst, warum dir das ein oder andere so wichtig ist und warum es deinen Mitarbeitenden nicht so wichtig ist. Da kommen eben auch wieder die individuellen Werte und Motive der Menschen ins Spiel. Schau also immer danach, was insgesamt für das Team am wichtigsten ist. Und das kann auch mal eine – in deinen Augen – nur halbschicke PowerPoint-Präsentation sein. Oder dass das Projekt noch am Folgetag fertiggestellt werden kann.

#Leader Tipp von Anja

Hier noch einige hilfreiche Fragen, die du dir stellen kannst, wenn es mit deinen Mitarbeitenden anders läuft, als du es dir gerade erhoffst:

1. Was sind die Bedürfnisse und Werte deiner Mitarbeitenden und kollidieren sie mit deinen Bedürfnissen und Werten?
2. Was kannst du als Führungskraft tun, um deine Mitarbeiter*innen zu motivieren, etwas zu verändern?

3. Welchen Mehrwert hat die Diversität in deinem Team für dich?
4. Wie gut kannst du mit Andersartigkeit unter Menschen umgehen? Und wie zeigst du das in deinem Team?
5. Welchen Spielraum gibst du, damit Freigeister sich entfalten können?
6. Welche Strukturen kannst du schaffen, damit Menschen mit einem Sicherheitsgefühl sich bei dir im Team entfalten können?

Lass dir selbst regelmäßig Feedback geben. Das hilft dir dabei, deine blinden Flecken, die dir selbst nicht bewusst sind, zu erkennen.

5. Frauen treten ab und an in die Falle, viel fördern zu wollen, und vergessen dabei, dass auch Fordern wichtig ist.

Seit einigen Jahren empfehlen viele Führungstrainer*innen, dass man Mitarbeitende maximal fördern sollte. Sie ihren Stärken entsprechend einsetzen soll. Sie regelmäßig loben und motivieren soll. Das ist auch grundsätzlich richtig und wichtig. Doch aus meiner Sicht reicht das nicht ganz aus.

Führungskräfte berichteten mir, dass trotz der immensen Förderung durch sie als Führungskraft das Team dennoch oft nur mittelmäßige Leistungen erbringt. Im gleichen Atemzug beschreiben sich die Führungskräfte als überfordert und am Anschlag laufend. Sie scheinen vor lauter Fördern der anderen sich selbst vergessen zu haben. Und meist wissen sie auch nicht, was sie noch anders machen sollen, um bessere Teamleistungen zu erreichen. Sie geben alles, sagen sie. Sie sind den Mitarbeitenden zugewandt, freundlich und haben immer eine offene Tür. Und dennoch reicht das nicht, die Leistung zu erhöhen.

Was hier oft fehlt, um Teams zu Spitzenleistungen zu führen: das Fordern. Denn wenn man Menschen nur fördert, dann lenkt man sie auch gerne mal in die falsche Richtung. Die Leute wissen irgendwann, dass die eigene Chefin vieles regelt und für jedes Problem die Lösung findet. Und das bremst das Eigenengagement der Mitarbeitenden. Ihnen fehlen die notwendige Power und die Lust, für Probleme selbst eine Lösung zu finden.

Wenn du deine Leute förderst, dann vermittelt es ihnen Wertschätzung für ihr Menschsein. Sie fühlen sich von dir wahrgenommen und gesehen. Und wenn du nun auch noch wertschätzend forderst, dann bringst du Power ins Team und Zug ins Unternehmen. Du setzt Grenzen und zeigst auf, was für den Unternehmenserfolg und den Zusammenhalt im Team ungünstig ist. Nämlich, dass du als Chefin die Hauptarbeit machst, Probleme löst und Lösungen findest. Wenn du von deinen Mitarbeitenden forderst, Eigeninitiative zu ergreifen und selbst Entscheidungen herbeizuführen, dann spornst du die Leute auch an, zu wachsen und zu reifen. Dabei handelt es sich um ein Wachstum außerhalb der Komfortzone. Und es passiert etwas Entscheidendes, was sich auf dein Wohlbefinden auswirkt: Du als Führungskraft wirst massiv entlastet.

#Leader Tipp von Anja

Gehe deine Mitarbeitenden gedanklich durch.

1. Kennst du ihre Stärken?
2. Weißt du, welche Aufgaben ihnen leichtfallen, welche Aufgaben also in ihrer Komfortzone liegen?
3. Weißt du, welche Aufgaben in ihrer Entwicklungszone liegen? Welche Aufgaben sind neu für deine Mitarbeitenden, was können sie dabei lernen, wie können sie sich hierbei entwickeln?
4. Wie förderst du jede*n Einzelne*n?
5. Was forderst du konkret von jeder/jedem Einzelnen?
6. Kennen deine Mitarbeiter*innen deine Erwartungen und haben sie ausreichend Gestaltungsspielraum?
7. Fordere wertschätzend.

Kapitel 6

Umgang mit Fehlern

In diesem Kapitel geht es um Fehler. Um die, die du selbst verursacht hast, und um die, die Leute in deinem Team begehen. Denn Fehler wirken sich auf das ganze Team aus.

Die eigenen Fehler zu vertuschen oder sie anderen in die Schuhe zu schieben, zeugt natürlich wenig von Selbstbewusstsein. Da gibt es andere Wege, eine gute Lernkultur bei sich selbst und im Team zu etablieren. Du erfährst in vier Schritten, wie du Fehler, die du gemacht hast, am besten kommunizierst und wie ihr gemeinsam im Team damit umgeht. Dann geht es außerdem um den Umgang mit den Fehlern, die Mitarbeitende von dir begehen. Und du erfährst zudem, wie du mit dem Team gemeinsam eine tragfähige Lernkultur etablierst.

Du warst es und niemand anderes

Es ist also passiert. Dir ist ein Fehler unterlaufen. Du hast ein Teammeeting einberufen und dummerweise übersehen, dass da das wichtige Strategiegespräch mit dem Abteilungsleiter und den anderen Teamleiter*innen fast zur gleichen Zeit stattfindet. Ein paar deiner Mitarbeitenden, die in Teilzeit arbeiten, haben extra ihre privaten Termine verschoben bzw. andere Personen für die Nachmittagsbetreuung ihrer Kinder engagiert, damit sie nachmittags zwischen 14.00 und 15.30 Uhr zu dem Teammeeting, zu dem du eingeladen hast, kommen können. Und die anderen kommen extra rein ins Büro, obwohl sie an dem Tag normalerweise im Homeoffice gearbeitet hätten. Doch jetzt fällt dir spät am Abend davor auf, dass du das Teammeeting absagen und verlegen musst. Du kannst nun nichts mehr tun und das Meeting auch nicht mehr rechtzeitig für alle absagen.

Dein erster Gedanke, der dir nun durch den Kopf schießt, ist: »Ach du meine Güte, morgen bin ich wohl am besten krank. Das ist ja mehr als peinlich. Wie konnte mir das nur passieren, dass ich den Termin des Abteilungsleiters in der Teammeeting-Planung übersehen habe? Das kann auch nur wieder mir passieren.«

Und schon bist du drin in der negativen Spirale aus Selbstbeschuldigung und großem Ärger über dich selbst. Denn was ist passiert? Große Ängste von Menschen sind, entweder zu versagen oder nicht geliebt zu werden. Es ist kein Wunder, wenn dein Fehler dir nun in gewisser Weise Angst macht. Du glaubst, du hast versagt, weil du mit deinem sonst so klugen Verstand hättest merken müssen, dass du deine Zeit doppelt vergeben hast. Jetzt sorgst du dich, dass sich dein Team empört von dir abwenden wird – und dich nicht mehr liebt. Und schon flüstert deine innere Stimme wieder: »Du hast es einfach nicht drauf. Und morgen werden sie dich braten.« Dein Selbstbewusstsein ist angekratzt.

Keine Frage, es ist ärgerlich, was da passiert ist. Denn nun musst du deinen Leuten morgen sagen, dass der Termin am frühen Nachmittag mit dem Team nicht stattfinden wird, weil du etwas verbummelt hast. Doch das lässt sich nun nicht mehr ändern. Und: Menschen machen ab und zu Fehler. Das ist nicht ungewöhnlich. Die Frage ist nur: Wie gehst du damit gut um? In ihrem Buch »50 Sätze, die das Leben leichter machen« empfiehlt Karin Kuschik einen ganz fantastischen Satz – genau für solche Situationen. Probiere es mal mit: »Das verzeihe ich mir am besten gleich mal selbst.«[37]

Der Satz ist deshalb so wertvoll, weil es nichts Besseres gibt, um wieder in die eigene Kraft zu kommen, als wenn man freundlich und gnädig mit sich umgeht. So wie man mit der besten Freundin umgehen würde. Ja, du verzeihst dir am besten gleich mal selbst.

Denn du hast die Terminüberschneidung keineswegs absichtlich herbeigeführt. Es ist nicht aus böser Absicht passiert. Und dieser liebevolle Umgang mit dir selbst schafft erst mal eine gewisse Distanz zu dem Fehler.

Sicherlich ist das nicht ganz leicht, sich selbst zu verzeihen, doch nur so findest du zurück in deine Kraft, zu deinem Selbstvertrauen – und zu einem freien Kopf. Denn den brauchst du morgen, um deinem Team in Ruhe zu erklären, welcher Fehler dir unterlaufen ist und wie du es nun wieder einigermaßen glattzubügeln gedenkst.

Das ist ein souveräner und professioneller Umgang mit deinem Scheitern. Denn Selbstliebe und Gelassenheit sind wichtige Voraussetzungen, um als Führungspersönlichkeit in der vollen Kraft zu sein. Wenn du empathisch zu dir selbst bist, dann bist du es auch zu deinen Mitarbeitenden. Bist du sehr kritisch mit dir, voller Scham und kannst dir kaum verzeihen, dann wirst du so auch mit deinen Mitarbeitenden umgehen, wenn ihnen einmal ein Fehler unterläuft. Und wo das hinführen kann, ahnst du bereits.

Das ist also der erste Schritt, um entspannt und souverän mit einem Fehler umzugehen.

Der zweite Schritt ist nun, den Fehler, der dir unterlaufen ist, mit dem Team zu besprechen. Mach dir auch hier bewusst: Du spürst das unangenehme Gefühl, den Fehler offen anzusprechen. Du sorgst dich, dass dein Ansehen im Team schwinden könnte.

Doch mache dir auch hier wieder bewusst, dass Fehler menschlich sind. Es ist schlichtweg unmöglich, fehlerlos durchs Leben zu gehen. Denn wenn du damit beginnst, deine Fehler unter den Teppich zu kehren oder eine vermurkste Entschuldigung herauszuquetschen, dann zeugt das nicht davon, dass du gewillt bist, auch die Verantwortung für dein Tun zu übernehmen. Noch schlimmer wird es, wenn du vielleicht versuchst, den Fehler jemand anderem in die Schuhe zu schieben. Oder die Schuld an der Misere den Zu- und Umständen oder den Rahmenbedingungen gibst. Denn das macht alles einen noch schlechteren Eindruck, als den Fehler zuzugeben.

Entscheider*innen, die Verantwortung für ihr Tun oder auch ihr Fehlverhalten übernehmen, erhalten in den meisten Fällen Respekt von ihren Mitarbeitenden oder Kolleg*innen. Genau damit gehst du als Role Model voran und beweist deine Führungsqualitäten.

Und jetzt fragst du dich vermutlich, wie du dich am besten entschuldigst? Am besten ist, du gehst so vor:[38]

1. Stehe zu deinem Fehler

Sprich deinen Fehler an und entschuldige dich dafür. »Ich habe euch alle für heute Nachmittag zum Teammeeting eingeladen und habe komplett übersehen, dass ich heute fast parallel dazu unsere Strategiebesprechung mit dem Abteilungsleiter habe. Es tut mir unendlich leid, dass ich das übersehen habe, ihr nun alle eure privaten Termine extra hin- und hergeschoben habt (damit richtest du dich an die Teilzeitkräfte) und ihr extra einen Termin in eurem Kalender freigehalten habt (damit richtest du dich an alle, die bis abends gearbeitet hätten). Ich bitte euch, dieses Versehen von mir zu entschuldigen.«

Eine Entschuldigung ist also keine Schande und noch weniger ein Gesichtsverlust. Du beweist damit Mut und Ehrlichkeit. Du übernimmst Verantwortung für dein Tun und Handeln und zeigst damit menschliche Reife und Stärke. Mit der Entschuldigung verdienst du dir in den meisten Fällen Respekt. Wichtig ist, dass du es aufrichtig meinst und den Fehler auch konkret benennst. So vermeidest du Intransparenz. Und jetzt schiebe auf keinen Fall einen »Aber-Satz« hinterher. Damit würdest du die Schuld von dir weisen oder versuchen, sie auf jemand anderen zu schieben.

Aber-Sätze lauten in etwa so: »Ich habe euch alle für heute Nachmittag zum Teammeeting eingeladen und habe komplett übersehen, dass wir heute nahezu parallel unsere Strategiebesprechung mit dem Abteilungsleiter haben. Es tut mir unendlich leid, dass ich das übersehen habe, aber ich bin ja durch eure Projekte so eingebunden. So habe ich einfach keine Chance, meinen Kalender sorgfältig zu pflegen.«

»Ich will mich bei euch entschuldigen, aber ihr kennt das ja: Wie oft habt ihr schon Termine durcheinandergebracht. Neulich musste ich auf dich, Laura, ja auch warten.«

»Es tut mir echt sehr leid. Aber es war ja nun nach langer Zeit mein erster Fehler. Und wenn man überlegt, wie viele Fehler in den letzten Monaten im Team passiert sind ...«

Von solchen Entschuldigungen rate ich dir dringend ab. Mach das nicht. Das kommt bei den anderen nicht gut an, denn sie merken, wie du dich aus der Verantwortung stehlen willst.

Sei aufrichtig und ehrlich. Der Fehler ist dir unterlaufen und niemand anderem. Auch die Zu- und Umstände lass besser außen vor. Das ist nicht souverän.

Wichtig ist: Entschuldige dich nicht mehrmals. Wenn du findest, dass deine Entschuldigung ehrlich war und dein Team deine Lösung angenommen hat, dann ist das nun okay und kann so stehen bleiben. Und selbst wenn ein paar Leute sauer sind, du jedoch den Eindruck hast, dass du es richtig gemacht hast, dann lass es so stehen. Du hast dein Bestes gegeben. Und dafür reicht eine ehrliche und aufrichtige Entschuldigung.

2. Rechne mit unangenehmen Reaktionen

Natürlich bereust du den Fehler und dein Selbstbewusstsein leidet sehr darunter. Oder vielleicht hast du einfach auch ein sehr schlechtes Gewissen.

Dennoch musst du damit rechnen, dass dein Gegenüber deine Selbstkundgabe erst mal nicht freudig aufnimmt und dir sofort verzeiht. Die Leute in deinem Team sind eben auch nur Menschen und finden diese Nachricht nervig. Vielleicht sind sie ärgerlich, vielleicht auch richtig erbost, vielleicht reagieren sie auch mit lauten Vorwürfen. Nimm dir ein wenig Zeit für deine Leute und schildere die Situation, warum es zu deinem Fehler kam, klar. Doch mit einer aufrichtigen Entschuldigung hast du bereits den ersten Schritt zur Wiedergutmachung getan.

3. Schlage eine Lösung vor

Mache deinen Mitarbeitenden verständlich, dass du die Verantwortung für den Fehler übernimmst, und zeige direkt eine Lösung auf. Sie könnten zum Beispiel die Zeit dennoch nutzen, um eigenverantwortlich miteinander die geplanten Teammeeting-Themen zu bearbeiten. Dabei kannst du auch eine Moderatorin oder einen Moderator benennen und die geplanten Fragestellungen an die Mitarbeitenden übergeben.

Oder du bietest direkt einen neuen Termin an, und zwar an einem Vormittag, wenn sowieso alle Mitarbeitenden anwesend sind. Dann braucht auch niemand die Nachmittags-Kinderbetreuung zu verlegen. Und spendiere – egal zu welcher Variante du dich entscheidest – einen leckeren Snack, einen kalten Drink, ein Eis etc. … Oder lege am nächsten Tag allen eine Tafel hochwertige Schokolade auf den Tisch. So merken deine Mitarbeitenden, dass du es ernst meinst mit der Entschuldigung.

4. Lerne aus deinen Fehlern

Das Allerwichtigste ist: Lerne aus deinen Fehlern. Ein zweites Mal den gleichen Fehler zu machen ist leider nicht besonders glorreich. Daher nimm ihn dir sofort zu Herzen und setze alles dran, dass er nicht noch mal passiert. Natürlich darf dir wieder einmal ein Fehler passieren, nur eben nicht ein zweites Mal der gleiche.

#Leader Tipp von Anja

1. Was wäre, wenn einer guten Freundin dieser Fehler passieren würde? Welche Emotionen würde das in dir auslösen und was würdest du zu ihr in der Situation sagen? Sei dir selbst in dieser Situation deine beste Freundin.
2. Sei also nachsichtig mit dir selbst, wenn dir ein Fehler unterläuft, und verzeihe ihn dir zuerst einmal selbst.
3. Was kannst du der Situation Gutes abgewinnen?
4. Wie kannst du vermeiden, dass es noch mal passiert?
5. Sei ehrlich mit dir selbst und den anderen, sprich den Fehler also unbedingt an und entschuldige dich aufrichtig dafür. Denn wenn du zu deinen Fehlern stehst, dann legst du auch eine gute Basis für die Fehlerkultur in deinem Team.

Etablierung einer Lernkultur im Team

Fehler vertuschen zu wollen oder »gute« Ausreden zu erfinden macht eher einen schlechten Eindruck. Führungskräfte haben eine Vorbildfunktion inne und andere Teammitglieder orientieren sich am Verhalten der Vorgesetzten. Und wenn diese mit Fehlern nicht souverän umgehen, dann werden das die Mitarbeiter*innen im Team nachahmen. Führungskräfte prägen die Teamkultur und damit auch die Fehler- bzw. Lernkultur mehr, als sie manchmal wahrhaben wollen.

Ich gebe ein Beispiel: Nehmen wir an, es gab für ein Kundenangebot eine Abgabefrist, die du leider verpasst hast. Und morgen ist der letzte Tag, an dem das Angebot noch an die Kundin rausgeschickt werden kann. Du weißt jetzt genau, dass du deshalb zwei deiner Mitarbeiter*innen kurzfristig brauchst, damit sie das Angebot fertigstellen. Und du weißt, dass sich viele Projekte auf ihren Schreibtischen türmen und morgen ein Vortrag fertig ausgearbeitet sein sollte. Den du auch von ihnen brauchst. Was machst du jetzt?

Du kannst jetzt natürlich versuchen, den Mitarbeitenden den Auftrag der Angebotserstellung mit einer Ausrede zu übergeben, wie zum Beispiel: »Die Mail von der Kundin, dass sie es morgen braucht, kam gerade erst rein.« Oder: »Ich habe euch die Bitte, mir ein Angebot zu erstellen, doch vor einer Woche weitergeleitet, habt ihr das nicht bearbeitet?«

Sicherlich kannst du kraft deiner Funktion so die Mitarbeitenden auch dazu bringen, dass sie nun alles andere stehen und liegen lassen und das Angebot, dessen zeitliche Abgabefrist du verbummelt hast, erstellen. Die Frage ist nur, ob sich das gut anfühlt. Ob das auf eine gute Unternehmenskultur einzahlt. Und ob das, wenn es jemand mitbekommt, dir zugutekommt oder ob es einen schalen Nachgeschmack bei deinen Leuten erzeugt.

Vielleicht werden sie, deine Mitarbeiter*innen, wenn ihnen ein Fehler unterläuft, damit auch nicht aufrichtig umgehen und ebenso Ausreden finden oder sich eine Ersatzgeschichte zurechtbasteln.

Und so hast du ganz schnell eine Teamkultur, die eher auf Ausreden, Lügen und Vertuschen basiert als auf Ehrlichkeit und Verantwortungsbewusstsein. Damit hast du dann eine Kultur etabliert, die es nicht zulässt, Fehler einzugestehen und sich zu entschuldigen.

Wenn du dich für deinen Fehler entschuldigst und deinen Mitarbeitenden, die dir nun kurzfristig aushelfen müssen, ganz offen und ehrlich sagst, was passiert ist, dann helfen sie dir vermutlich auch weniger grummelnd, das Angebot schnell zu erstellen. Und sie werden dann, wenn sie einmal einen Fehler machen, auch lieber eine ehrliche Antwort geben. Weil du es ihnen als Role Model vorgemacht hast.

Du hast einen großen Einfluss darauf, wie im Team mit Fehlern umgegangen wird, weil du es direkt vorleben kannst und damit Teamkultur bildest. Du gibst hier einen Orientierungsrahmen vor. So schaffst du den Raum, in dem es zulässig ist, Fehler zu begehen.

Doch wie genau kannst du eine Lernkultur etablieren? Und wie gelingt es euch allen im Team, mit Fehlern, die passieren, ehrlich und lösungsorientiert umzugehen?

Zuerst einmal ist es sicherlich wichtig zu verstehen, was eigentlich eine Fehlerkultur – und damit verbunden eine Lernkultur – ist.

Unter Fehlerkultur wird in den Wirtschaftswissenschaften der Umgang mit Fehlern und deren Folgen verstanden. Es geht also nicht darum, wie man Fehler am besten managt, also wie man sie am besten vermeidet oder löst. Sondern es geht darum, wie man darüber spricht, wie man Fehler bewertet, wie man auf sie reagiert und wie man mit den Fehlerfolgen umgehen mag. Das bezieht sich auf das Unternehmen, jedoch auch auf die Gesellschaft im Generellen.

Wenn wir auf die deutsche Gesellschaft schauen, dann erkennen wir schnell, dass Fehler machen scheitern bedeutet. Meldet ein Unternehmen Insolvenz an, dann wird das Gründerteam oftmals vorschnell »abgestempelt«. »Die sind gescheitert. Jetzt müssen die erst mal ihre Wunden lecken und sich eine Anstellung suchen. Mit dem Unternehmertum wird das bei denen nichts mehr.«[39]

In den USA geht man damit ganz anders um. Dort ist ein Scheitern kein großes Ding. Im Gegenteil, viele zeigen Mitgefühl und wünschen alles Gute für das nächste Projekt. Dort motiviert man die Menschen, nicht aufzugeben und weiterzumachen. Und man sieht das vermeintlich gescheiterte Geschäft eher als Versuch oder als Experiment an, das nicht sofort funktioniert hat. Das ist ein ganz anderer Blick darauf.

Die Fehlerkultur in unserem Land hängt weitestgehend am gesellschaftlichen Glaubenssatz: »Scheitern ist keine Option.«[40] Allerdings wissen wir auf der anderen Seite auch, dass Fehler zum Leben gehören, denn ohne Fehler sammelt man in der Regel nicht die Erfahrungen, aus denen man langfristig lernt. Doch obwohl wir das wissen, wollen wir in der Realität am liebsten fehlerfrei sein. Denn wir lernen schon als Kinder, dass wir in der Schule bestraft werden, wenn wir Fehler machen: mit schlechten Noten. Und später im Job ist es oft kaum anders. Fehler und das eigene Scheitern empfinden wir als Peinlichkeit, schämen uns, weil wir es nicht perfekt hinbekommen haben, und versuchen das abzumildern.

Mit unseren Glaubenssätzen, die auf Unfehlbarkeit einzahlen, trauen wir uns also kaum, einen Fehler einzugestehen. Ablenkungsmanöver und Lügen kosten jedoch massiv Energie, die man sicherlich in die Lösung des Problems oder einen weiteren Versuch des Experiments stecken könnte. Doch so beschäftigt man sich damit, wie der Fehler möglichst unbemerkt bleibt. Und in manchen Fällen setzt man sogar lieber seine Mitarbeitenden daran, den Fehler professionell zu vertuschen (siehe zum Beispiel VW-Abgasskandal; im Jahr 2015 gab VW den Betrug zu), als sich um eine funktionierende Lösung zu kümmern.

Wie entspannt wäre es also, wenn die Fehler schnell erkannt würden und die Lösung zügig angegangen würde?

Albert Einstein sagte einst: »Wer noch nie einen Fehler gemacht hat, hat sich noch nie an etwas Neuem versucht.«

Und daran ist alles wahr. Tun Menschen immer nur das, was sie schon immer getan haben und was ihnen absolute Sicherheit gibt, versuchen sie nie etwas falsch zu machen. Doch so wird niemand jemals etwas Neues ausprobieren.

In der Studie 2022, der 10. Ausgabe der Studienreihe von SThree wurden die Teilnehmenden im vierten Teil »Scheitern, Chancen, Weiterbildung«[41] zu dem Thema »Fehler machen bei der Arbeit« befragt[42]. So heißt es im Studienbericht:

> *»Knapp die Hälfte der Befragten verliert laut eigener Auskunft nach einem Misserfolg die Anerkennung im Team: 45 Prozent sagen,*

dass sie nicht ohne negative Konsequenzen scheitern dürfen – das hemmt die Lust und den Willen von Arbeitnehmern, aber auch Freiberuflern, etwas Neues auszuprobieren oder neue Aufgaben zu übernehmen. Die meisten der Befragten befürchten schädliche Reaktionen bei Misserfolgen: So gehen 49 Prozent davon aus, dass sie die Anerkennung der Vorgesetzten und Kollegen verlieren würden. Bei 42 Prozent wird Misserfolg negativ kommuniziert und 41 Prozent sehen Scheitern als Hemmnis für die Karriere. 40 Prozent glauben, bei Folgeprojekten nicht mehr berücksichtigt zu werden.

Die Ergebnisse der SThree-Umfrage decken sich mit denen vorheriger Studien: So gilt Deutschland grundsätzlich als ein Land, das gerade mit beruflichem Scheitern besonders hart ins Gericht geht. Das hat unmittelbare Auswirkungen auf Berufstätige, ob sie etwas riskieren und Neues ausprobieren oder nicht. Der Wunsch nach einem anderen Umgang ist da: Eine überwältigende Mehrheit der Befragten, nämlich 86 Prozent, möchte eine andere Fehlerkultur. Weniger Angst haben Berufstätige vor dem Verlust von Boni oder Sonderleistungen (31 Prozent), auch das Verschweigen der Misserfolge sehen nur 22 Prozent als Problem an.«[43]

Schauen wir uns das genauer an: Warum herrscht bei uns so eine große Intoleranz gegenüber Fehlern? Dahinter steckt die fehlende Vertrauenskultur. Das beispielsweise zeigt die Studie[44] des Beratungs- und Dienstleistungsunternehmens Capgemini SE aus dem Jahr 2021: 84 Prozent der befragten Mitarbeitenden[45] ohne leitende Funktion sind der Meinung, dass Führungskräfte in der Lage sein müssen, eine Fehlerkultur zu etablieren.

Es ist also ganz einfach auf den Punkt zu bringen: Gibt es keine Vertrauenskultur im Unternehmen, so werden Fehler, die Führungskräfte oder Mitarbeitende begehen, nicht offen kommuniziert und vertuscht. Auch das belegt eine Studie, die von Ernst & Young 2018[46] in Auftrag gegeben wurde. Führungskräfte fürchten ihr eigenes Karriereende, wenn sie (zu) viele Fehler machen. Die größte Angst der Mitarbeitenden ist der Gesichtsverlust gegenüber ihren Kolleg*innen.

Es gibt eine beeindruckend hohe Prozentzahl an Menschen, die Angst vor Misserfolgen und deren Konsequenzen haben. Und es hat Auswirkungen auf den Unternehmenserfolg, wenn Menschen ihre Ideen zurückhalten und damit Innovationen verhindert werden. Denn für Innovationskraft und unternehmerischen Fortschritt braucht es ein gesundes Maß an Risikobereitschaft.

Deshalb ist der Aufbau einer Lernkultur so wichtig. Das bedeutet nicht, Fehler generell gutzuheißen, sondern vielmehr, einen konstruktiven Umgang mit diesen zu etablieren.

Angenommen, eine*r deiner Mitarbeitenden hat einen Fehler gemacht. Es wurde ein Newsletter ohne den Link zum Gewinnspiel an Tausende von Kunden rausgeschickt. Jetzt melden sich die Kunden bei ihren Ansprechpartner*innen in deinem Team und fragen nach dem Gewinnspiel-Link. Das hält nun ordentlich lange von der eigentlich für diesen Tag vorgesehenen Arbeit ab, weil der Link den Nachfragenden extra zugeschickt werden und der Newsletter zusätzlich noch einmal neu generiert werden muss.

Was genau ist jetzt zu tun?

Zuerst einmal ist es wichtig, dass es nicht darum geht, wer Schuld hat. Solche Fragen solltest du als Führungskraft am besten ganz vermeiden. Denn sonst schaffst du eine destruktive Fehlerkultur im Team, bei der die Kernfrage immer lauten wird: Wer hat's verbockt?

Viel zielführender ist es, konstruktiv über diesen Fehler zu sprechen. Überlegt euch gemeinsam, was man beim nächsten Newsletter-Versand besser machen kann. Vielleicht klärt sich sehr schnell, was die Ursache des Fehlers war und wie er beim nächsten Mal nicht mehr passiert.

Eine Lernkultur einführen kannst du am besten mit der parallelen Einführung von Prinzipien, wie mit Fehlern umgegangen werden soll. Ein Prinzip kann heißen: Kein Mensch ist perfekt.[47] Und das ist schon das Zugeständnis, dass Menschen Fehler machen. Wird das erkannt und verinnerlicht, dann können Fehler einfach als Bestandteil des Lebens betrachtet werden. Es gehört zur Weiterentwicklung, hilft, besser zu werden, und kommt – wenn man sich offen mit allen darüber austauscht – auch allen zugute. Denn so passiert ein Fehler möglicherweise nur einmal und wird nicht von verschiedenen Leuten im Team begangen. Alle haben die Chance, von der Person zu lernen, der der Fehler passiert ist. Das bringt das ganze Team gemeinsam weiter.

Wenn dein Team also feststellt, auch weil du mit gutem Beispiel vorangehst, dass Fehler erlaubt sind, dann ist es motivierter im Job. Die Mitarbeitenden sind mutiger, probieren mehr aus, sind von sich aus innovativer. Denn sie haben keine Sorgen, dass sie Konsequenzen befürchten müssen, die Schuld zugewiesen bekommen, verspottet und ausgelacht oder sogar mit Ärger überhäuft und ausgegrenzt werden.

Der Fokus einer Lernkultur liegt auf den Chancen, die sich den Menschen und damit dem Unternehmen bieten, wenn sich alle trauen, neue Wege zu beschreiten und Dinge auszuprobieren. In dieser Haltung und Kultur steckt so viel mehr drin an Potenzial im Gegensatz zu Menschen, die sich nichts trauen, weil sie stets mit unliebsamen und ausgrenzenden Reaktionen rechnen müssen.

Das nächste Prinzip heißt dann: Ursachen analysieren und es beim nächsten Mal besser machen. Analysiere mit dem Team gemeinsam, warum der Fehler entstanden ist. Sucht gemeinsam nach der Ursache.

Dabei macht es absolut Sinn, sachlich zu bleiben und die Person, die den Fehler begangen hat, nicht auf der persönlichen Ebene anzugreifen. Auch wenn du dich als Führungskraft gerade super ärgerst, weil der Fehler Zeit oder sogar Geld gekostet hat, dann versuche, bei der Sache zu bleiben und die Person auf keinen Fall ins Kreuzverhör zu nehmen. Klar ist es ärgerlich, was passiert ist. Und klar ist es auch mit Zeit und Aufwand verbunden, den Fehler zu korrigieren. Doch um eine Lernkultur zu implementieren, braucht es das absolute Vertrauen seitens deiner Mitarbeitenden dir gegenüber. Daher darfst du deinem Ärger nicht Luft machen oder sogar deine Teammitglieder in irgendeiner Weise bestrafen. Die Aufrichtigkeit und Ehrlichkeit deiner Mitarbeitenden gilt es unbedingt zu honorieren.

Und dann gibt es noch den entscheidenden Faktor: nach vorne schauen[48]. Übt gemeinsam, miteinander zu reflektieren. Motiviere deine Mitarbeitenden dazu, sich auch selbstständig immer wieder zu hinterfragen und wirklich wahrzunehmen, was sie tun. So erkennen sie Fehler zukünftig vielleicht schneller. Sie gewinnen Erkenntnisse über sich selbst und können selbst dagegensteuern, wenn sie meinen, dass etwas nicht in die richtige Richtung läuft. Sie beugen dann möglichen Missgeschicken schon vor, weil sie Verantwortung für ihre Handlungen und Entscheidungen übernehmen.

Dazu ein Beispiel aus meiner Unternehmenspraxis: Ein Mitarbeiter hatte aus Versehen einen wichtigen Teamordner in unserem digitalen Bürosystem so verschoben, dass ihn andere Kolleg*innen nicht mehr finden konnten. Diese waren dann einige Zeit am Suchen, wo der wichtige Ordner nun hingekommen war, und mussten ihn schlussendlich über den IT-Help-Service suchen lassen.

Wir hatten uns angeschaut, warum das überhaupt geschehen konnte. Im Team hatten alle unbegrenzt Administrator-Rechte und so ist es dann passiert, dass dieser Ordner einfach verschoben werden konnte. Im schlimmsten Falle hätte er auch gelöscht werden können. Ein Learning und eine Erkenntnis seitens des Teams waren: Es macht für die Zusammenarbeit gar keinen Sinn, wenn alle Leute im Team unbegrenzt Admin-Rechte haben. Und dann haben wir gemeinsam beschlossen, dass man bei den meisten Teammitgliedern die Admin-Rechte löscht, um weitere Missgeschicke zu vermeiden, die ein Verschieben oder ein Löschen von Ordnern mit sich bringen würde. Und schon hatten wir im Team für das Missgeschick eine gute Lösung gefunden.

Wie bei allen Verhaltensänderungen ist es hier auch so: Alles braucht seine Zeit. Wenn du neue Prozesse und Umgangsweisen einführen willst, dann gib den Menschen Zeit, sich an das Neue und Andere zu gewöhnen. Erwarte auf keinen Fall von ihnen, dass sie sofort den Schalter umlegen können und direkt morgen schon alles anders machen.

#Leader Tipp von Anja

1. Gehe selbst mit gutem Beispiel voran und teile deine Fehler und Learnings.
2. Kreiere eine Fehlerkultur, in der die Basis das Vertrauen in deine Mitarbeitenden ist. Ermutige deine Mitarbeitenden, Fehler zu teilen und gemeinsam nach Lösungen zu suchen. Eine passende Maßnahme hierfür könnte sein, einmal im Monat einen sogenannten Fuck-up-Tag ins Leben zu rufen. Hier sprecht ihr dann über Dinge, die falsch gelaufen sind, über Missgeschicke und Fehler. Es soll bewusst nach Leichtigkeit und Spaß klingen. Denn so ist für deine Mitarbeitenden klar, dass es sich hier nicht um eine Geständnis-Einheit oder um ein Fehler-Bashing handelt. Unbedingt wichtig ist, dass ihr auf jeden Fall nicht nur über den Fehler an sich sprecht, sondern auch darüber, wo die Ursachen liegen und was ihr alle zusammen daraus lernen könnt. Vielleicht lässt sich für die Zukunft auch schon eine Lösung finden.
3. Ergänzend dazu kannst du mit deinem Team einen sogenannten Welldone-Tag pro Monat einführen, wo ihr in einem Team-Stand-up über alles sprecht, was im vergangenen Monat gut gelaufen ist. Hier könnt ihr die kleinen und großen Erfolge gemeinsam feiern.

Kapitel 7

Kommunikativ überzeugen

Hier erfährst du mehr über gelingende Kommunikation. Denn obwohl wir so viele Wörter haben, um uns auszudrücken, passieren die meisten Missverständnisse aufgrund fehlender oder fehlerhafter Kommunikation. Oder wir Menschen verletzen uns gegenseitig, weil wir nicht die richtigen Worte finden. Oder zu wenig einfühlsam kommunizieren.

Gerade als Führungskraft sollte es dir ein großes Anliegen sein, mit deinen Mitarbeitenden bzw. Kolleg*innen sowie dem Management regelmäßig und verständlich zu kommunizieren. In diesem Kapitel kannst du dein Gesprächsverhalten reflektieren.

Denn Kommunikation ist einfach King.

Du bekommst hier außerdem praktische Tipps, wie du Mitarbeitenden-Gespräche professionell vorbereitest und durchführst. Und wie Konfliktgespräche ablaufen sollten.

Außerdem erfährst du, wie Männer in der Regel miteinander umgehen, und lernst ihr Kommunikationsverhalten zu verstehen und ihre Sprache anzuwenden.

Grundlagen gelingender Kommunikation

Ganz oft gelingt Kommunikation deshalb nicht, weil wir zwar ein und dasselbe Wort hören, jedoch andere Vorstellungen und Bilder im Kopf haben, was wir unter diesem Wort verstehen.

Das würde schon passieren, wenn ich dich darum bitte, ein Haus zu malen. Und drei weitere Personen auch. Ganz sicher würde nicht viermal das gleiche Haus gemalt. Deines sieht vielleicht eher wie ein großes Bauernhaus mit angrenzender Scheune aus, eine andere Person malt ein Tiny House, die dritte Person ein Hochhaus und die vierte Person eine Gründerzeit-Villa. Alles sind Häuser, doch wir alle haben andere Vorstellungen davon, wie ein Haus aussieht. Wir haben ein anderes Verständnis davon. Und das liegt daran, dass wir Wörter und Begriffe mit unseren Erfahrungen, unserem Erlebten, unseren Werten und Bedürfnissen verbinden. Und die sind nun mal von Mensch zu Mensch verschieden.

So kommt es also: Wir sprechen regelmäßig aneinander vorbei. Und ein einfacher Tipp lautet hier schon: Frage als Führungskraft doch einmal die Leute in deinem Team, was sie unter dem Begriff »Engagement im Team« verstehen. Oder unter Offenheit. Oder darunter, was es heißt, Emotionen im Job zuzulassen. Du wirst recht schnell merken, dass alle ein bisschen ein anderes Bild davon haben. Umso besser also, wenn ihr solche wichtigen Begrifflichkeiten, auch eure Teamwerte, miteinander definiert und konkret darüber sprecht, was ihr gemeinsam wirklich damit verbindet. Denn Offenheit kann einfach alles und nichts bedeuten und ist – wenn ihr das Wort nicht gemeinsam für euch übersetzt – nur eine hohle Phrase. Und von Phrasen haben wir vermutlich alle mehr oder weniger genug.

Ein Modell, das Kommunikation erklärt, ist das sogenannte Eisbergmodell[49]. Es ist von Sigmund Freud entdeckt und von Paul Watzlawick beschrieben worden.

Das Eisbergmodell funktioniert auf den zwei folgenden Ebenen:

- Kommunikation erfolgt zu 20 Prozent auf der Sachebene,
- 80 Prozent der Kommunikation erfolgen auf der Beziehungsebene.

Einen großen Teil in der Kommunikation macht die eigene Persönlichkeit mit deinen Motiven und Werten sowie deinen Gefühlen

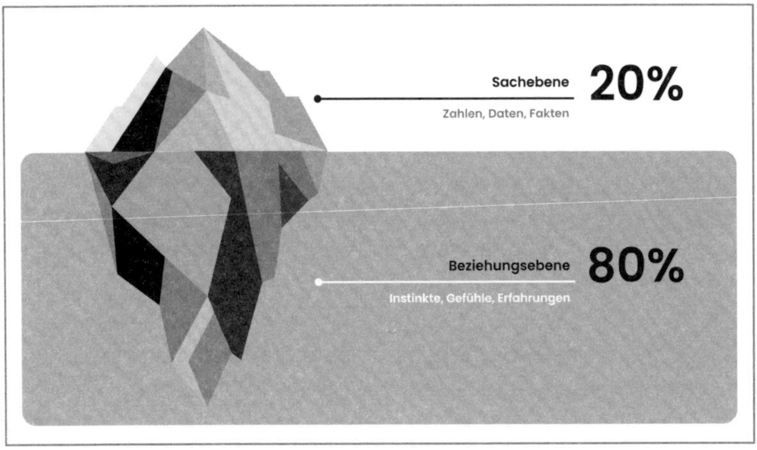

Abbildung 9: Das Eisberg-Modell der Kommunikation, in Anlehnung an den Begründer der Psychoanalyse Sigmund Freud (1856–1939)

aus. Ebenso dein Verhältnis zu dem Menschen, der gerade mit dir kommuniziert (bzw. mit dem du gerade kommunizierst). Und auch der aktuelle Kontext, in dem du dich gerade befindest, spielt eine große Rolle.

Auf der Sachebene – das ist der sichtbare Eisbergteil – sollen alle relevanten Informationen an den Gesprächspartner weitergegeben werden: Daten, Fakten und Zahlen – diese werden nur verbal kommuniziert.

Das Bild mit der Eisbergspitze im Wasser kannst du nun auf die zwischenmenschliche Kommunikation übertragen, also auf die Beziehungsebene, die zwischen dir und deinem Gegenüber gerade herrscht. Auf der Beziehungsebene kommunizieren Menschen Empfindungen, Stimmungen und Gefühle. Hierfür werden keine Wörter eingesetzt. Die Kommunikation findet ausschließlich nonverbal statt. Durch die Körpersprache soll die auf der Sachebene vermittelte Information besser zum Ausdruck gebracht werden. Dies ist besonders dann relevant, wenn eine Aussage mehrere Bedeutungen haben soll. Die Person, die die Nachricht hört, hört nicht nur die Botschaft, also die Sachebene, sondern kann durch die Mimik und Gestik des Gegenübers auch deuten, wie sie oder er es gemeint haben könnte.

Die Beziehungsebene ist ein Faktor, den du auf keinen Fall unterschätzen solltest. Denn die Beziehungsebene hat den größeren Anteil an der zwischenmenschlichen Kommunikation. Die Körpersprache, d.h. das Nonverbale, trägt entscheidend dazu bei, dass die Nachricht mit der richtigen Botschaft beim Empfangenden ankommt.

Damit du es noch mal genauer einordnen kannst, hier ein Beispiel aus der Praxis: Du erhältst von deiner übergeordneten Führungskraft den Auftrag, ein wichtiges Kundengespräch allein zu führen: »Liebe Laura, übernimm du bitte morgen das Gespräch mit unserem Premiumkunden«, fordert dich deine Führungskraft auf.

Die vermittelte Botschaft auf der Sachebene ist nur auf den ersten Blick eindeutig. Für dich kann die Nachricht die zwei folgenden Botschaften enthalten:

- Meine Führungskraft traut mir das Kundengespräch zu.
- Meine Führungskraft hat keine Zeit und möchte die Verhandlung mit dem Kunden auf mich abwälzen.

Hier macht es Sinn, noch mal nachzufragen, wenn sich bei dir in solch einer Situation ein Störgefühl einstellt. Frage nach, warum deine Führungskraft will, dass du das Gespräch übernimmst. Vielleicht erfährst du dann mehr dazu.

Allerdings kann es auch sein, dass sich deine Führungskraft dazu nicht öffnen will und du weiterhin nicht weißt, ob sie oder er ehrlich zu dir war. Dann bleibt das Störgefühl bei dir.

Du weißt jedoch, dass dein Gegenüber auf dich in dem Moment nicht authentisch wirkt. Auf der Sachebene wurde zwar etwas Unmissverständliches gesagt – doch es wird mit Gestik und Mimik widerlegt. Du merkst es vielleicht an der Körperhaltung oder an einem lauten oder unsicheren Lachen.

Kennst du das? Jemand erzählt dir, dass gerade alles super läuft und lacht zum Beispiel sehr kreischend. Ich habe das schon öfters in meinem Kolleg*innen-Kreis erlebt. Ich dachte dann oft: »Da stimmt doch was nicht. Warum lacht sie so unecht?«

Und später erfuhr ich dann: Ihr Mann hat sie vor wenigen Tagen verlassen.

Als angehende Führungskraft macht es übrigens großen Sinn, Gespräche mit Mitarbeitenden immer so zu führen, dass ihr euch anschauen könnt. Denn dann kannst du auch die Mimik und Gestik besser sehen und für dich einordnen, wie authentisch das Gesagte auf dich wirkt.

Ein weiteres wichtiges Kommunikationsmodell ist das Vier-Seiten-Modell von Friedemann Schulz von Thun. Das streife ich hier nur kurz, da es dazu hervorragende Literatur[50] gibt. Und vielleicht kennst du es auch schon, denn es begleitet Menschen seit über 40 Jahren. Doch nach wie vor ist es das Kommunikationsmodell, das in Schulen und Universitäten und in Bildungseinrichtungen für Erwachsene gelehrt wird.

Das Vier-Seiten-Modell sagt aus, dass eine Botschaft immer auf vier Wegen vom Sendenden zum Empfangenden gelangt. Der Sendende selbst kann aus vier verschiedenen Mündern sprechen und der Empfangende kann mit vier unterschiedlichen Ohren hören, was gesagt wurde.

Jede Nachricht beinhaltet vier Botschaften. Doch wie kann die Botschaft gemeint sein? Und ist das Gesagte auch das Gemeinte?

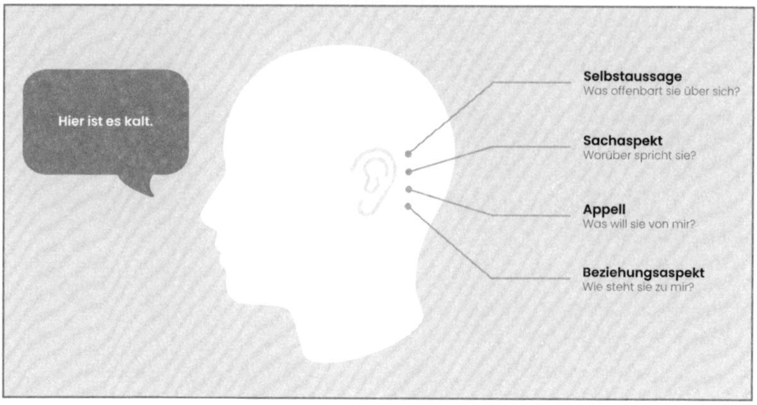

Abbildung 10: Kommunikationsmodell, in Anlehnung an das Vier-Seiten-Modell nach Friedemann Schulz von Thun

Neben der Sachebene und der Beziehungsebene gibt es beim Vier-Seiten-Modell noch die Selbstoffenbarung und den Appell.

- Auf der Sachebene wird die Botschaft rein informativ vermittelt. Hier zählen nur die Fakten und es geht rein um eine Information.
- Mit der Selbstaussage/Selbstkundgabe will der Sendende dem Empfangenden etwas von sich zeigen bzw. vertrauliche Aspekte über sich selbst mitteilen.
- Mit dem Appell macht sie oder er deutlich, was sie oder er konkret von dem Empfangenden der Botschaft erwartet. Damit wird ausgedrückt, wozu der Sendende den anderen veranlassen möchte.
- Die Beziehungsebene macht deutlich, was man voneinander hält bzw. wie man zueinander steht. Es sind Du-Botschaften.

Ich verdeutliche dies mit einem Beispiel einer vermeintlich einfachen Aussage, die du bestimmt schon öfters in deinem Leben selbst gemacht oder gehört hast:

»Hier ist es kalt!«

1. Wenn die Sachebene damit bedient wird, dann heißt es einfach, dass jemand feststellt, dass es hier im Raum kalt ist.
2. Wenn es als Appell gesendet wird, dann bedeutet es: »Bitte mach das Fenster zu. Du musst doch sehen, dass ich friere.«
3. Wenn es als Selbstkundgabe abgesendet wird, dann bedeutet es: »Ich bin ganz schön verfroren.«
4. Und wenn es um die Beziehung geht, dann bedeutet es: »Bitte kümmere dich darum, dass ich nicht friere.«

Und hier noch ein praktisches Beispiel aus der Arbeitswelt: Stell dir vor, du ziehst mitsamt deiner Familie in wenigen Tagen um. Du führst ein kurzes Gespräch mit deinem Chef, der dir eine zusätzliche Aufgabe übertragen will. Du teilst ihm mit, dass es dir gerade zu viel ist, weil du in wenigen Tagen umziehen wirst. Du fühlst dich überlastet mit der zusätzlichen Aufgabe und sagst das auch etwas gestresst. Dein Chef, der Single ist und keine Kinder hat, antwortet kurz: »Ja, ja, ich bin in den letzten Jahren auch fünfmal umgezogen.«

Du stehst nun etwas verwundert da, weil du nicht genau weißt, wie er es gemeint haben könnte. Was verbirgt sich hinter seiner Antwort? Du kennst das Vier-Seiten-Modell und lässt seine Aussage einmal schnell über alle vier Seiten laufen.

1. Er könnte einfach nur den Sachverhalt ansprechen: »Ich bin viel umgezogen.«
2. Er könnte auch die Appell-Ebene bedienen und hat die Absicht, dich zu etwas zu veranlassen: »Reiß dich doch etwas zusammen und übernimm die Aufgabe. Umziehen ist kein Weltuntergang.«
3. Er kann jedoch auch aus der Selbstkundgabe heraus kommunizieren und möchte etwas von sich zeigen: »Ich hatte da auch ganz schön viel Stress und ich war total kaputt.«

4. Vielleicht bedient er jedoch die Beziehungsebene und möchte dir sagen, was er von dir hält bzw. wie ihr beide zueinander steht: »Du scheinst sehr gestresst zu sein und ich finde, du solltest das nicht so nah an dich ranlassen.«

Doch wie hat dein Chef es nun wirklich gemeint? Am besten ist, du fragst direkt nach. Die Nachfrage könnte so lauten: »Deine Aussage kann ich gerade nicht so gut einordnen. Wie hast du es denn gemeint, dass du in den letzten Jahren auch fünfmal umgezogen bist? Und was hat das mit meiner Situation zu tun? Was konkret willst du mir damit sagen?« So interpretierst du nicht, wie dein Chef das gemeint haben könnte, sondern du fragst einfach noch mal nach. Denn Interpretationen führen häufig zu falschen Annahmen und hinterlassen oft ein ungutes Gefühl oder sorgen sogar für Frust. Natürlich sind die Kommunikationskönig*innen diejenigen, denen es gelingt, alle vier Seiten der Nachricht, die sie senden, auch direkt verbal auszudrücken. Damit werden sämtliche Missverständnisse vorab schon ausgeräumt.

Wenn du beispielsweise ein Feedbackgespräch mit deinen Mitarbeitenden führst, dann ist es absolut sinnvoll, wenn du dein Feedback über die vier Seiten des Modells laufen lässt. Nehmen wir die Situation, dass ein Mitarbeiter sehr häufig zu spät zu euren Meetings kommt. Und das findest du – auch für deine Zeit, die du investierst – nicht besonders wertschätzend, dir und den Kolleg*innen gegenüber. Du kannst dein Feedback an deinen Mitarbeiter wie folgt formulieren und startest am besten mit der Sachebene:

- »Mir fällt auf, dass du zu unseren Meetings in den letzten Wochen sehr oft über zehn Minuten verspätet gekommen bist.« (Sachebene)
- »Das empfand ich die ersten beiden Male nicht besonders störend, doch da das nun so häufig passiert, merke ich, dass mich das ärgert.« (Selbstkundgabe)
- »Ich wertschätze unseren Umgang sehr und bin mit unserer Zusammenarbeit zu 90 Prozent zufrieden. Doch

über die fehlenden 10 Prozent will ich gerne mit dir sprechen.« (Beziehungsebene)

- »Ich wünsche mir von dir, dass du vorher zumindest eine Info an mich gibst, wenn du später kommst. Doch besser wäre es, wenn du ab sofort wieder pünktlich bist.« (Appell-Ebene)

Es ist nicht ganz einfach, eine wichtige Nachricht über das Vier-Seiten-Modell laufen zu lassen. Doch mit etwas Übung wird es dir mehr und mehr gelingen, deine Botschaft verständlich zu formulieren. Das reduziert kommunikative Missverständnisse massiv. Jetzt kannst du gerne hierüber nachdenken:

- Was ist dein dominantes Ohr? Auf welchem Ohr hörst du Botschaften besonders laut?
- Und in welchen Situationen ist es besonders laut?
- Was sind die Vor- und Nachteile deines dominanten Ohrs?
- Was ist dein dominanter Mund? In welchen Situationen ist er besonders laut?
- Und wie willst du als Führungskraft zukünftig mit deinen Botschaften umgehen?

#Leader Tipp von Anja

1. Denke als Führungskraft daran, dass du deinen Mitarbeitenden, zum Beispiel mithilfe des Vier-Seiten-Modells, genau erklärst, was du meinst. Setze besser nicht voraus, dass sie deine Botschaft schon richtig verstehen.
2. Lade deine Mitarbeitenden ein, dass sie in eigenen Sätzen erklären, was und wie sie es verstanden haben und ob noch Fragen offen sind.
3. Kenne dein dominantes Ohr. Hörst du zum Beispiel schnell einen Appell, obwohl dein Gegenüber dich vielleicht nur ganz sachlich informieren wollte? Ja? Dann passe deine Reaktion entsprechend an.

Eigenes Gesprächsverhalten reflektieren

Bevor wir dazu kommen, wie du Mitarbeitenden-Gespräche strukturierst und empathisch führst, geht es darum, wie du dich im Gespräch verhältst. Und was du für Assoziationen zu Mitarbeitenden-Gesprächen hast. Denkst du an eine erzwungene Gesprächsatmosphäre, an Checklisten, die abgehakt werden müssen, an Zielvereinbarungen, in die man verkrampft etwas reinschreiben muss? Oder denkst du mit Schrecken daran, dass man eine Leistungsbeurteilung entsprechend dem Benotungssystem in der Schule vornehmen muss?

Das ist natürlich schade, wenn du das mit Mitarbeitenden-Gesprächen verbindest, denn Gespräche mit den Personen in deinem Team sind von unschätzbarem Wert. Hierbei kannst du Vertrauen aufbauen, du kannst damit die Motivation deiner Leute steigern – und deine eigene natürlich auch – und insgesamt sorgt es für viel Zufriedenheit auf beiden Seiten, wenn ihr in einem guten Austausch miteinander seid. Außerdem bekommst du einen guten Eindruck davon, welche Stimmung gerade im Team herrscht und wie die Emotionen sind. Du erkennst mögliche Konfliktherde dadurch rechtzeitig und kannst zügig nach einer Lösung suchen. Außerdem kannst du deine Mitarbeitenden viel besser in ihrer Entwicklung unterstützen, weil du weißt, was sie brauchen. Und selbstverständlich wird die Leistungsbereitschaft hoch sein, wenn deine Leute gerne bei dir im Team sind.

#Leader Tipp von Anja

Folgendes solltest du unbedingt beachten, wenn du Mitarbeitenden-Gespräche führst:

1. **Bereite dich immer gut vor. Dein Gegenüber merkt, wenn du das Gespräch zwischen Tür und Angel führst und nicht viel über deine/deinen Gesprächspartner*in weißt.**

Mitarbeitende fühlen sich dann nicht wertgeschätzt, was wiederum zu einem gestörten Vertrauensverhältnis führt.

2. Prüfe deine eigene Haltung gegenüber deinem Mitarbeitenden und schaue genau auf deine Stimmung. Bist du heute möglicherweise nicht in so guter Stimmung und könnte sich das negativ auf deinen Mitarbeitenden auswirken? Ist es okay, wenn sich das bemerkbar macht, oder würdest du sie oder ihn unfair behandeln?
3. Welche Glaubenssätze in Bezug auf deinen Mitarbeitenden oder auch die Sache betreffend sind gerade bei dir am Start? Dienen deine Glaubenssätze der Sache oder sind sie hinderlich? Wenn Mitarbeitende mit dir zum Beispiel über reduzierte Arbeitszeit sprechen möchten und du das eigentlich gar nicht unterstützen magst, denn frage dich selbst, warum du ein Problem mit Teilzeit hast. Was genau verbindest du damit? Was macht dir Sorgen? Und schließt du vielleicht von dir auf andere?
4. Führe immer konkrete Beispiele an, wenn du über eine Sache sprichst. Wenn du im Unklaren bleibst, dann kannst du keine Reflexion bei deinen Mitarbeitenden erwarten. Was auch sollte dieser Mensch ändern, wenn du nicht klar ausdrücken kannst, was du beobachtet hast, was dir aufgefallen ist und was du dir anders wünschst? Wenn du beispielsweise findest, dass deine Mitarbeiterin sich in einem Meeting nicht wertschätzend anderen gegenüber verhalten hat, dann benenne genau diese Situation und beschreibe, was es bei dir ausgelöst hat. Und teile ihr mit, was du dir zukünftig von ihr wünschst bzw. von ihr konkret erwartest.
5. Sorge immer für Klarheit, was dein Ziel des Gesprächs ist. Wenn du heute erreichen willst, dass dein Mitarbeiter fitter in einem bestimmten IT-Programm wird, dann benenne das als Ziel. »Heute möchte ich mit dir darüber sprechen, was ich von dir in Bezug auf die Anwendung des Programms xy

▶▶▶

erwarte und wie ich dich darin unterstützen kann, dass du darin fitter wirst.«

6. **Gespräche sind keine Einbahnstraßen. Wichtig ist, dass du nicht in langatmige Monologe verfällst, sondern dass deine Mitarbeitenden ebenso genügend Zeit bekommen und von sich berichten können. Es soll ein Dialog sein. Frage viel nach und interessiere dich ernsthaft für die Perspektive deiner Mitarbeitenden.**

Mitarbeitenden-Gespräche führen

Mitarbeitenden-Gespräche sind oft nicht so einfach aus dem Ärmel zu schütteln. Daher ist es wichtig, dass du dich gut darauf vorbereitest.

- Überlege dir: Wo soll das Gespräch stattfinden? In deinem Büro? In einem gemütlichen Besprechungsraum? Bei einer Tasse Kaffee in eurer Kaffee-Ecke? Bei einem Mittagessen? Oder bei einem Spaziergang? Welcher Raum ist dafür passend und angemessen?
- Mache dir auch Gedanken, wie viel Zeit du für das Gespräch vorsehen willst. 20 Minuten sind vielleicht zu wenig und zwei Stunden vielleicht zu viel.

Um es strukturiert und zielführend anzugehen, vorzubereiten und durchzuführen, kannst du diese Gesprächsverlauf-Übersicht[51] nutzen. Denn so passiert es nicht, dass du abschweifst oder dich von deinem Gegenüber ablenken lässt und nachher ganz andere Themen besprichst als die, die du vorbereitet hast. Du bleibst souverän und zielorientiert.

Gesprächsverlauf:

Gesprächsbeginn

- Starte freundlich und wertschätzend in das Gespräch, nenne den Grund und die Ziele. Und legt gleich miteinander den Zeitrahmen fest.
- Eine gute Einstiegsfrage in das tatsächliche Gespräch lautet: »Was beschäftigt dich (Sie) gerade besonders?« Und dann frage gerne nach, ob es noch Weiteres gibt, was dein Gegenüber gerade gedanklich umtreibt.

Das Gespräch mit der Informations- und Argumentationsphase

- Vielleicht braucht es zuerst einen Rückblick. Dann benenne die Erfolge deines Mitarbeitenden oder beschreibe die Situation, die du als kritisch empfunden hast.
- Trage dein Anliegen vor und lege deine Sichtweise dar. Dann höre zu, was dein Mitarbeitender dazu zu sagen hat.
- Dann beginnt der inhaltliche Austausch. Eine gute Frage lautet hier: »Was ist die wirkliche Herausforderung für dich/ für Sie?«
- Höre aktiv zu und stelle Rückfragen, wenn dir etwas noch nicht ganz klar ist oder du etwas vertiefend wissen willst.

Das Gespräch mit der Lösungsphase

- Besprecht mögliche Aufgaben und plant sie gemeinsam. So schafft ihr Verbindlichkeit.
- Formuliere Ziele, wenn es auch um Ziele geht.
- Stelle Lösungen vor oder erarbeite sie gemeinsam mit dem Mitarbeitenden.
- Überlegt gemeinsam Alternativen, falls das nötig ist. Hier lautet eine gute Frage: »Was willst du/wollen Sie wirklich?«

Dann folgt die Beschlussphase

- Trefft gemeinsam konkrete Vereinbarungen.
- Besprecht auch die Unterstützungsmöglichkeiten deinerseits. Gute Fragen dazu sind: »Was brauchst du/brauchen Sie von

mir?« Oder auch: »Wozu sagst du/sagen Sie Nein, wenn du/Sie dazu jetzt Ja sagst/sagen?«

Doch hier solltest du auch aufpassen. Du solltest nicht deine Mitarbeitenden so unterstützen, dass du ihnen Arbeit abnimmst. Es geht hierbei um Fördern und Fordern. Also lass dich nicht dazu verleiten, in eine Art Mikromanagement abzudriften. Du unterstützt deine Mitarbeitenden, besser zu werden, doch du erledigst nicht ab sofort ihre Arbeit. Du sollst auch nicht die Lösung vorgeben. Wenn du Eigenverantwortung in deinem Team fördern willst (was ich dir dringend rate), dann unterstütze deine Leute dabei, selbst auf die Lösung zu kommen und ihre Aufgaben allein zu bewältigen. Delegieren gehört zu deinen Kernaufgaben als Führungskraft, die Umsetzungsverantwortung liegt bei deinen Mitarbeitenden.

- Fixiere schriftlich die Inhalte des Gesprächs, die Lösung und die Maßnahmen. Wenn erforderlich, unterschreibt das Besprochene gemeinsam oder hole – wenn nötig – weitere Unterschriften ein, beispielsweise von der Personalabteilung oder deinen Vorgesetzten.

Und nun kommt es zur Abschlussphase

- Reflektiert das Gespräch noch mal gemeinsam. Eine gute Frage dazu lautet: »Was war heute am nützlichsten für dich/für Sie?«
- Sprich deinen aufrichtigen Dank für das Gespräch aus und wirf einen positiven Blick in die Zukunft.
- Und dann verabschiede dich wertschätzend.

Mithilfe dieser Vorgehensweise hast du auf jeden Fall eine Grundlage für deine Mitarbeitenden-Gespräche. Hiermit wirst du gut vorbereitet sein und dich im Gespräch auch sicher fühlen.

#Leader Tipp von Anja

Mitarbeitenden-Gespräche sollen für beide Seiten erfolgreich verlaufen. Es geht nicht darum, wer gewinnt, sondern darum, dass man gemeinsam auf einen für beide Seiten passenden Nenner kommt und gemeinsam an einer Lösung oder einem Ziel arbeitet.

Folgende Vorgehensweise macht hier Sinn:

1. Nimm dir ausreichend Zeit zur Vorbereitung des Gesprächs.
2. Definiere das Ziel des Gesprächs.
3. Bevor du in das Gespräch gehst, überprüfe deine Haltung und Stimmung.
4. Denke daran, viel zu fragen und nachzufragen, denn wer fragt, der führt.
5. Fasse das Ergebnis am Ende zusammen und vereinbare die nächsten Schritte.

Konfliktgespräche führen

Bevor ich direkt mit dir in ein Konfliktgespräch einsteige, ist es wichtig zu wissen, wie sich ein Konflikt eigentlich anbahnt.

Konflikte spielen sich auf zwei Ebenen ab: auf der Sach- und Beziehungsebene. Hast du mit jemandem einen Konflikt, dann stehen sich auf der Sachebene oftmals zwei unvereinbare Ansätze entgegen. Gleichzeitig kommt es auf der Beziehungsebene zu Störungen in der Kommunikation. Deshalb reichen Lösungen auf der Sachebene meist nicht aus, denn die Beziehung zwischen den Menschen bleibt gestört.

Ein typisches Beispiel für Konflikte im Unternehmen[52], die dich als Führungskraft betreffen können, sind Rollenkonflikte unter Kolleg*innen bzw. ehemaligen Kolleg*innen. Vielleicht bist du als ehemaliges Teammitglied befördert worden und nun deinen ehemaligen Kolleg*innen vorgesetzt. Natürlich kann man das logisch auf der Sachebene lösen, denn du bist nun einmal die neue Chefin und das kraft der Hierarchie-Ebene. Doch so einfach lässt sich die Beziehung zu den Kolleg*innen, denen deine Beförderung ein Dorn im Auge ist, nicht wiederherstellen. Da sind Emotionen wie möglicherweise Neid und Missgunst im Spiel und die kann man nicht sachlich regeln. Also müssen die Rollen neu definiert werden, und das sehr bewusst.

Ein weiterer Konflikt, der dir begegnen könnte: Ein Teammitglied spielt den zweiten Chef, wenn du nicht da bist, und verteilt die Arbeit gerne nach seinen Vorstellungen um. Hier gilt es auch einzugreifen, denn dominante Mitarbeitende können den Teamzusammenhalt negativ beeinflussen, selbst wenn alle wissen, dass er oder sie gar nicht weisungsbefugt ist. Sachlich ist das klar, doch die Beziehungsebenen untereinander können so sehr gestört werden.

Konflikte können in verschiedene Arten[53] unterschieden werden. Ich kenne hauptsächlich sechs Konfliktarten[54], die einem im Leben immer wieder begegnen.

Beginnen wir mit dem Sachkonflikt. Ein Sachkonflikt ist von allen Konflikten der, der sich eigentlich am einfachsten regeln lässt. Denn hier geht es um verschiedene Meinungen oder Vorgehensweisen zu einer Sache. Vielleicht hast du einmal mit deinen Mitarbeitenden einen Disput, weil sie anders an ein Projekt herangehen wollen, als du es empfohlen hast. Oder euer Kunde hat etwas am Produkt auszusetzen, weil er es nicht so praktikabel findet wie ihr.

Einen Sachkonflikt kann man also dahingehend lösen, dass eine Diskussion über die Sache geführt und ein Kompromiss erzielt wird.

Doch schwierig wird es, wenn zur Sachebene noch die Beziehungsebene kommt. Es geht nicht nur darum, ob deine Mitarbeitenden im Projekt anders vorgehen würden, sondern dass du dabei das Gefühl hast, sie sehen dich vielleicht nicht als kompetent genug an. Also kommt bei dir eine Emotion mit hinein. Dann erweitert sich der Sachkonflikt zu einem Beziehungskonflikt.

Beziehungskonflikte sind Konflikte, die zwischenmenschlich entstehen. Bleiben wir bei dem Beispiel, dass dein Team eine andere Vorstellung davon hat, ein Projekt anzugehen, als du und du das Gefühl hast, dass deine Leute dich als nicht so kompetent empfinden. Es also besser wissen als du. Du hast eine persönliche Abneigung gegenüber deinen Mitarbeitenden (oder Einzelnen von ihnen). Und setzt ihnen jetzt für den nächsten Meilenstein im Projekt vielleicht eine sehr kurze Frist, frei nach dem Motto: »Wenn sie es schon besser wissen, dann sollen sie mal zeigen, ob sie das in kürzerer Zeit schaffen.« Nun fühlen sich deine Leute vielleicht von dir überfordert und es entsteht ein Beziehungskonflikt. Eure Beziehung, die vormals vielleicht entspannt und vertrauensvoll war, ist nun belastet.

Eine weitere Konfliktart sind die Wahrnehmungskonflikte. Sie werden auch Bewertungskonflikte genannt. Hier prasseln unterschiedliche Bewertungen einer identischen Situation aufeinander. Ein praktisches Beispiel: Ein Mitarbeiter interpretiert deine Äußerung, dass du seine Arbeit okay findest, als extrem positiv und ist stolz auf sein Ergebnis. Du selbst jedoch findest, dass da immer noch Luft nach oben ist, denn die Leistung hast du ja nur mit »okay« bezeichnet. Beim nächsten Aufeinandertreffen sagst du ihm das. Nun ist er sauer auf dich, weil er deine Äußerung erst anders interpretiert hatte.

Rollenkonflikte tauchen dann auf, wenn gewisse Erwartungen mit einer Rolle verbunden sind. Vielleicht erwartest du von deinem Vertriebsmitarbeiter, dass er die Auszubildenden im Team betreuen soll. Das sieht er jedoch nicht in seinem Verantwortungsbereich und macht das nur auf strikte Anweisung. Hier kommt es zwischen euch beiden möglicherweise zu Auseinandersetzungen.

Bei einem Zielkonflikt haben du und deine Mitarbeitenden unterschiedliche Vorstellungen in Bezug auf ein Ziel. Während du dir vielleicht bessere Verkaufsergebnisse pro Monat wünschst, möchten deine Mitarbeitenden weniger Stress haben und streben nach einem ausgewogenen Arbeits- und Privatleben. Somit entsteht ein Zielkonflikt. Hier müssen beide Konfliktparteien gleichermaßen aufeinander zugehen, um eine Lösung und einen Kompromiss für den Konflikt zu finden.

Und dann gibt es noch die Verteilungskonflikte. Vielleicht empfindet es ein Mitarbeiter als unfair, dass er die weniger spannenden Projekte oder Kunden zugewiesen bekommt als seine Kollegin. Er empfindet es so, dass du die Kollegin besserstellst als ihn, und das macht ihn sauer. Oder eine Mitarbeiterin findet, dass ein Kollege mehr gelobt wird als sie, obwohl sie beide gleich viel Engagement für das gemeinsame Projekt aufbringen. Verteilungskonflikte entstehen häufig in Teams, weil Menschen sich untereinander vergleichen und sehr hellhörig sind, wenn sie meinen, dass sie weniger gut bei der Führungskraft abschneiden. Ein bisschen ist es wie unter Geschwistern, die um die Aufmerksamkeit und Liebe der Eltern buhlen.

Oft hat das Gefühl, weniger wert zu sein oder weniger zu bekommen, mit dem eigenen Selbstbewusstsein zu tun. Empfindet man die eigene Arbeit, die Leistung, das Verhalten in Ordnung, dann braucht man weniger Aufmerksamkeit und Zugewandtheit von anderen Menschen bzw. der eigenen Führungskraft.

Bevor du nun in die Konfliktlösung gehst, schaue noch mal darauf, ob denn – wenn du vielleicht nicht direkt in den Konflikt verwickelt bist oder es selbst nicht als Konflikt für dich interpretierst – möglicherweise ein Konflikt hinter folgenden Anzeichen bei deinen Mitarbeitenden stecken könnte:

- Seit Kurzem gibt es vermehrt Anzeichen von Dienst nach Vorschrift, obwohl diese/dieser Mitarbeiter*in vorher sehr engagiert und freudig bei der Arbeit war.

- Der/Die Mitarbeiter*in macht häufig Fehler, was vorher anders war.
- Die Krankmeldungen häufen sich.
- Der Umgangston zwischen den Kolleg*innen wird rauer oder manche reden kaum noch miteinander.
- Es gibt vermehrt Kundenbeschwerden über die/den Mitarbeiter*in.
- Es gibt Versetzungsanträge oder den Wunsch, Arbeitszeit zu reduzieren.

Hier ist es ratsam, das Verhalten nicht zu lange nur zu beobachten, sondern gezielt das Gespräch mit den Personen zu suchen. Das sind wichtige Anzeichen und die darfst du nicht ignorieren. Konflikte können sich sonst massiv verstärken und eine ganz toxische Arbeitsatmosphäre im Team schaffen. Und wenn ein Konflikt erst mal so richtig eskaliert, dann kann man oft nur noch die Scherben wegkehren. Wie löst du einen Konflikt am besten? Hier gibt es ein paar Schritte, die sich zu durchlaufen lohnen[55].

Zuerst einmal solltest du dir einen Überblick verschaffen, ob irgendjemand deiner Mitarbeitenden Schutz braucht. Musst du räumlich für Trennung sorgen, weil jemand täglich gemobbt wird? Gehen sich zwei Leute jeden Tag gefühlt an die Gurgel und beschimpfen sich? Denk daran, dass du als Führungskraft auch eine Fürsorgepflicht hast. Komme dieser unbedingt nach, wenn du merkst, dass jetzt eine Schutzmaßnahme notwendig ist.

Dann geht es darum, im Konfliktfall zu vermitteln. Vielleicht zwischen dir und einem Mitarbeitenden oder auch zwischen zwei oder mehreren Mitarbeitenden. Je nachdem, zwischen wem der Konflikt ausgetragen wird. Doch wer soll nun zwischen den Kolleg*innen vermitteln und moderieren? Wem möchtest du diese Rolle zuweisen? Dem Personal- oder Betriebsrat? Jemandem aus der Personalabteilung? Einer/Einem externen Mediator*in? Oder machst du es selbst?

Hier muss der Prozess von vorne bis zum Ende begleitet werden. Denn es geht nun darum, Einzelgespräche zu führen und für die Streitparteien oder das Team Kompromisse vorzuschlagen, wenn sie selbst dazu nicht in der Lage sind. Wichtig ist, den Personenkreis möglichst klein zu halten. Denn du möchtest sicherlich nicht aus einem Zweierkonflikt eine Abteilungsschlacht provozieren, in der dann zu viele mit ihren unterschiedlichen Sichtweisen und Emotionen am Wirken sind.

Nun gilt es zu kommunizieren. Viele Fragen stellen sich: Wie kam es zu dem Konflikt? Welche Standpunkte werden vertreten? Was und wer hat denn alles zum Streit beigetragen?

Es macht Sinn, allen zuzuhören. So können wertvolle Informationen gesammelt werden.

Solltest du Vermittlerin sein, dann ist es wichtig, dass du eine neutrale Position einnimmst. Bleibe sachlich und ruhig. Du bist befangen, wenn du mehr auf der Seite einer Konfliktpartei stehst, und verlierst das Vertrauen der anderen Person oder Konfliktpartei. Das darf dir als Führungskraft der beiden Parteien nicht passieren, denn eine mögliche Eskalation kannst du nicht mehr einfangen. Das Vertrauen in dich als Chefin wird danach für eine lange Zeit weg sein und der Konflikt verstärkt sich noch zusätzlich. Wenn du das Gefühl hast, du bist befangen, dann suche dir eine neutrale Person, die das Gespräch moderiert.

Es heißt dann, den Blick in die Zukunft zu richten. Die oder den Schuldigen zu suchen, hilft überhaupt nicht weiter. Wie kann eine mögliche Lösung oder ein Kompromiss für beide Parteien aussehen? Wie kommt man gemeinsam aus der Sache wieder heraus?

Dann geht es um die Lösung, nachdem alle Standpunkte vorliegen und man schon gemeinsam mögliche Lösungsalternativen ausgelotet hat. Was passiert jetzt?

Du kannst gedanklich verschiedene Optionen durchgehen. Wie hoch ist die Wahrscheinlichkeit, dass beide Parteien wieder zusammenfinden und sich der Konflikt damit auflöst? Und wenn das nicht funktioniert? Macht es dann Sinn, jemanden abzumahnen? Musst du jemanden versetzen oder gar eine Kündigung aussprechen? Welche Folgen hätte das für das Unternehmen und das Team? Es ist völlig in Ordnung, sich diese Gedanken zu machen. Denn manchmal beißt man auf Granit und kann die Menschen nicht dazu bewegen, den Konflikt beizulegen. Dann musst du wieder Ruhe ins Team bekommen und drastischere Maßnahmen sind der Schlüssel zum Erfolg. Du kannst es dem Team auf längere Sicht nicht zumuten, Streithähne, die an keinem Kompromiss und keiner Lösung interessiert sind, ungestraft weiter wirken zu lassen.

Es ist immer am besten, du findest – idealerweise mit den beiden Konfliktparteien – eine Lösung, die den Menschen und dem Unternehmen gerecht wird. Das können eine räumliche Veränderung sein, andere Prinzipien bezüglich Teamkommunikation, die ihr miteinander verbindlich beschließt, oder die Umverteilung von Aufgaben.

Wenn ihr nun einen Kompromiss gefunden habt, an den sich auch alle halten wollen, dann kontrolliere eine gewisse Zeit später, ob das zur endgültigen Konfliktlösung geführt hat. Ist das Problem nun gelöst? Halten sich alle an die verbindlich neu definierten Regeln? Wenn nein, dann ist das Problem immer noch nicht gelöst. Wenn ja, dann freue dich darüber, dass es funktioniert hat.

Das Lösen von Konflikten sollte oberste Priorität bei dir haben. Zu schnell kann es sonst – wenn du zu lange wartest – zu einem großen Problem werden. Wolfgang Grupp, ein bekannter deutscher Textilunternehmer, drückte das in einem Interview ziemlich prägnant aus. »Wer ein großes Problem hat, ist ein Versager. Denn jedes Problem war einmal ein kleines Problem und hätte es die oder der Betroffene als kleines Problem gelöst, dann hätte sie oder er nun kein großes Problem.«[56]

#Leader Tipp von Anja

1. Störungen, Konflikte, Probleme haben immer Vorrang.
2. Überlege dir zuerst, auf welcher Ebene sich der Konflikt befindet.
3. Um was geht es wirklich?
4. Versuche die Perspektive des anderen einzunehmen.
5. Bereite das Konfliktgespräch vor.
6. Lege das Ziel des Gesprächs fest.
7. Sammle Argumente und bereite dich auf die eventuellen Gegenargumente vor.
8. Habe keine Angst vor Konflikten, sie sind etwas ganz Normales, wenn Menschen zusammenleben oder zusammenarbeiten. Wichtig ist nur, Konflikte offen anzusprechen und sich in einer konstruktiven Haltung zu begegnen.

Das Kommunikationsverhalten der Männer verstehen und deren Sprache anwenden können

Du hast bereits im Kapitel »Souverän führen« erfahren, dass die Unternehmensregeln von den Führungskräften aufgestellt werden. Da das in der Vergangenheit meist Männer waren, haben sie männliche Spielregeln etabliert. Und das gilt auch für die Kommunikation. In Unternehmen gelten heutzutage hauptsächlich die Grundregeln der männlichen Kommunikation, da sie die Arbeitsrealität der letzten Jahrzehnte geprägt haben. Und diese will ich dir gerne näher vorstellen, damit du sie kennst. Dann kannst du immer noch entscheiden, wie du in dieses Spiel eingreifen willst.

Die bekannte amerikanische Soziolinguistin und Bestseller-Autorin Deborah Tannen beschreibt es in ihren Büchern sehr kenntnisreich.[57] Eine Kommunikationsregel dominiert alle anderen besonders: Während Frauen eher die Netzwerkkommunikation bevorzugen, präferieren Männer die Rangordnungskommunikation. Frauen nutzen Sprache und Kommunikation, um Beziehungen zu stabilisieren, Männer um ihre Position/ihren Rang innerhalb der Gruppe zu festigen.

Das bedeutet, Männer ordnen sich kommunikativ der bestehenden Hierarchie unter und sind besonders bemüht, sich nach unten hin klar abzugrenzen. Sie sind also in recht strengen Rangordnungen unterwegs. Frauen dagegen versuchen an allen möglichen Ecken Verbindungen untereinander herzustellen. Sie suchen nach Ähnlichkeiten und Gemeinsamkeiten, anstatt sich anderen gegenüber abzugrenzen. Das sieht man klar darin, dass Frauen in der Regel diejenigen sind, die besonders intensiv und erfolgreich soziale Kontakte pflegen.

Man kann die Unterschiede schon bei den Spielen der Kinder erkennen. Mädchen binden beim Spiel die anderen Kinder mit ein, versuchen, fair zu sein, und verhalten sich in Entscheidungsprozessen oft schon sehr konsensorientiert. Eine Ranghöhere gibt es in ihren Spielen meist nicht. Ist einmal ein Mädchen dominanter als die anderen, dann lernt es schnell, dass die Gruppe das nicht besonders schätzt, und die anderen Mädchen spielen dann nicht mehr so bevorzugt mit der Dominanten.

Jungs dagegen spielen oft mit klaren Regeln. Gerade bei Ballspielen hört die Gruppe auf die Anweisungen des Coaches. Und setzt das um, was der Coach sagt. Hier schon lernen sie, wer der Ranghöhere ist. Auch der Junge, der der Beste ist und gewinnt, wird schnell als Ranghöherer akzeptiert. Jungs lernen so auch, dass Wettbewerb Spaß macht. Denn es fühlt sich gut an, wenn man gewinnt. Genau das prägt auch das Verhalten in der Schule, der Ausbildung/Universität und später im Job.

Genau aufgrund dieser unterschiedlichen Kommunikationsmuster ist es oftmals nicht so einfach, dass sich Frauen und Männer gegenseitig gut verstehen.

Versteht man jedoch das Kommunikationsverhalten seines Gegenübers und eignet es sich für manche Situationen an, dann gelingt es, in das Kommunikationsspiel einzugreifen. Es ist, als würde man eine Fremdsprache erlernen, um diese zum gegebenen Anlass anzuwenden und sich verständigen zu können.

Wichtig zu verstehen ist: Du kannst immer verbal oder nonverbal kommunizieren. Nicht allein das Gesagte zählt im beruflichen Hierarchie- und Machtkontext, sondern auch die nonverbale Sprache. Wie der österreichische Philosoph, Psychotherapeut und Kommunikationswissenschaftler Paul Watzlawick schon sagte: »Man kann nicht nicht kommunizieren.«[58]

Zum männlichen Kommunikationsverhalten musst du als Frau wissen, dass Männer sehr oft kurze verbale Botschaften bevorzugen, um ein Rangverhältnis oder ihre Machtposition klarzumachen. Teilweise sind sie sogar nonverbal unterwegs und kommunizieren nur mit ihren Augen, mit Gesten oder ihrer Körperhaltung. Peter Modler bringt in seinem Buch »Das Arroganz-Prinzip«[59] das männliche Kommunikationsverhalten Frauen näher. Dieses Kommunikationsverhalten findet auf der nicht intellektuellen Ebene statt.

Frauen dagegen kommunizieren bevorzugt auf der intellektuellen Ebene. Sie argumentieren wohlüberlegt, oft mit einer gewissen Detailschärfe, begründen Pro und Kontra und bringen ihr Fachwissen mit ein. In Diskussionen allerdings, bei denen es um Durchsetzungskraft geht, befinden sich Frauen, die auf der intellektuellen Ebene diskutieren, oft auf der Verlierer*innen-Seite.

Nachdem ich mich mit dem Kommunikationsverhalten von Männern auseinandergesetzt hatte, fing ich an, diese »Fremdsprache« für Meetings und Verhandlungen zu erlernen. Ich habe es – als zertifizierte Kommunikationsberaterin nach Schulz von Thun – durchaus nicht geliebt, dass mir meine gut trainierte verbale Ausdrucksweise in manchen Situationen nicht weitergeholfen hat. Doch als ich merkte, dass ich mit einer anderen Art von Kommunikation zum gewünschten Erfolg kam, habe ich meinen Kommunikationsstil erweitert. Ich habe nicht mein intellektuelles Niveau, zu kommunizieren und zu diskutieren, komplett runtergeschraubt, sondern andere Arten der Kommunikation in mein Repertoire mit aufgenommen. Und das waren die nonverbale Art und die Kurzkommunikation. Diese Kommunikationsstile sind im beruflichen Kontext äußerst wirksam. Denn in dem Fall kommt es tatsächlich nicht auf den geäußerten Fachinhalt an, sondern lediglich auf die Wirksamkeit.

Ein paar Beispiele für funktionierendes nonverbales Verhalten in Jobsituationen – sowohl innerhalb deines Teams als auch im Kontakt mit anderen Führungskräften:

1. Präsentiere am besten immer im Stehen, dann steht keine Barriere in Form eines Meetingtisches vor dir. Stehend wirkst du viel imposanter.
2. Schaue die Zuhörenden offen und interessiert an. Lass deinen Blick immer wieder wach zwischen den Teilnehmenden hin- und herwandern. Das suggeriert, dass dir nichts entgeht und du sichtbar alles unter Kontrolle hast.
3. Wenn du eine wichtige Entscheidung brauchst, um beispielsweise in einem Projekt oder in einem Kundenfall weiterzukommen, dann schaue die/den Ranghöchste*n im Raum an und adressiere die wichtige Botschaft direkt an sie oder ihn. Wichtig ist nur, dass sie/er dir das Okay gibt.
4. Sollten die anwesenden Personen während deines Vortrags anfangen, miteinander zu flüstern, und dir so die Aufmerksamkeit entziehen, dann gehe im Raum ein paar (wenige) Schritte auf sie zu. Oder zumindest auf eine*n von ihnen. Sehr schnell wird ihm oder ihr die Nähe zu dir unangenehm und das Flüstern wird eingestellt. Damit zeigst du auch wieder, dass dir nichts entgeht und du die Oberhand hast.

5. In Gesprächen mit Menschen, die viel größer sind als du, solltest du entweder einen recht großen Stand-Abstand zu ihnen einhalten oder ihr beide diskutiert im Sitzen. Der Stand-Abstand ist deshalb so wichtig, damit die andere Person nicht auf dich herabschauen kann bzw. du nicht zu ihr hinaufschauen musst. Ansonsten können auch Gespräche im Sitzen sinnvoll sein, denn da fällt ein körperlicher Größenunterschied nicht so auf.

Gute Beispiele für eine wirksame verbale Kurzkommunikation findest du im Kapitel »Souverän führen« und dort im Unterkapitel »Erlebte Fälle von Machtdemonstrationen und möglicher Umgang damit«. Hier sind einige Situationen geschildet, wie du mit wenigen Worten eine Situation kontern oder entschärfen kannst.

#Leader Tipp von Anja

Mache dir das Kommunikationsverhalten von Männern bewusst. Es ist nicht schlechter als das von Frauen, sondern einfach nur anders. Wenn du die Sprache der Männer wie eine Fremdsprache beherrschst und sie bei passender Gelegenheit anwendest, erspart dir das eine Menge Frust. Denn es macht Spaß, wenn sich die eigenen guten Ideen durchsetzen.

Schlussgedanken

Nun hast du ein gutes Fundament für dich geschaffen, um Chefin zu werden.

Wird damit immer alles funktionieren? Nein, ganz bestimmt nicht. Immer wieder wirst du auch mal stolpern oder etwas nicht so gut hinbekommen. Dann ist es wichtig, nicht gleich das Handtuch zu werfen, sondern entwickle Lust, daraus zu lernen. Du kannst immer wieder das Buch zur Hand nehmen und dich darin vertiefen. Und suche dir auch Sparringspartner*innen, mit denen du regelmäßig trainierst und mit denen du dein Führungsverhalten reflektieren kannst. Du wirst immer wieder Unterstützung, Empfehlungen und Rat benötigen. Das kann ein*e Mentor*in sein, ein Coach oder eine Peergroup, bestehend aus anderen Führungskräften.
Und: Verzeihe dir immer wieder selbst und lerne dazu.

Für einen gelingenden Start in die Führungsrolle habe ich dir hier noch ein paar Hacks zusammengestellt, die dir helfen werden, gut in deine Rolle hineinzukommen.

5 Hacks für den Start in die Führungsposition[60]

1. Selbstreflexion ist wichtig

Wenn du ohne Selbstreflexion startest in der Annahme: »Ich kann das intuitiv und verlasse mich da auf meinen gesunden Menschenverstand«, dann kann das gut gehen – oder auch nicht. Vielleicht passiert es, dass du das meiste nicht richtig machst und deine Mitarbeitenden schon nach den ersten 100 Tagen keine Lust mehr auf eine vertrauensvolle Zusammenarbeit mit dir haben.

Frage dich immer wieder: »Finden die anderen das, was ich gerade gut finde, auch gut?« Ein gutes Beispiel hierfür ist die Eigeninitiative. Möglicherweise sind nicht alle in deinem Team glücklich darüber, wenn du ihnen ab sofort größtmöglichen Freiraum für ihre Arbeit und auch für die Entscheidungsfindung gibst. Es gibt Mitarbeiter*innen, die Struktur und mehr Vorgaben brauchen als andere. Hier kannst du dir überlegen und genau hinschauen, wer im Team was braucht. Und für wen welche Art zu arbeiten am besten passt. Und das geht eben nur, wenn du mit dir selbst im guten Austausch bist und darüber immer wieder nachdenkst.

2. Fokus auf die Menschen richten

Lege zuerst deinen Fokus auf die Menschen, die mit dir zusammenarbeiten. Formuliere viele Fragen, höre zu und stelle Beziehungen her. Es sind deine Vorgesetzten, deine Mitarbeitenden, d.h. insgesamt deine Kolleg*innen, die du gut kennenlernen solltest. Erfrage dabei auch ihre Erfahrungen und Erwartungen.

Dein Team ist neugierig auf dich und wird enttäuscht sein, wenn du alle nur mit einem kurzen »Hi, hier bin ich nun und lasst uns mal direkt an die Arbeit gehen, damit alle sehen, was für ein erfolgreiches Team wir sein werden« begrüßt. Das passt mit dem Vertrauensaufbau nicht zusammen. Doch Vertrauen ist immens wichtig im Team, damit sich alle sicher fühlen und ihr Potenzial angstfrei entfalten können.

Zeige etwas von dir: Was sind deine Erwartungen an die Zusammenarbeit mit deinem Team, deinen Vorgesetzten und deinen Kolleg*innen? Deine Mitarbeitenden sollten wissen, wer du bist und wofür du stehst. Nimm dir Zeit für die Kennenlerngespräche und versuche herauszufinden, wie sie arbeiten und an was sie arbeiten. Rede selbst nicht zu viel, sondern frage viel nach und versuche zu verstehen, was sie antreibt.

3. Lass dir Zeit für Veränderungen

Schau dir erst mal die Strukturen im Unternehmen an und studiere die Unternehmenskultur in Ruhe. Du lernst zu verstehen, warum etwas so ist. Du kannst hier auch nachfragen, doch stelle zuerst nur Interessens- und Verständnisfragen. Bringe noch keine Vorschläge zu Veränderungen ein und keine Kritik an.

Natürlich erwarten deine Vorgesetzten von dir, dass du Veränderungen vorantreibst. Schließlich haben sie dich ja genau deswegen befördert oder neu eingestellt. Doch diese Veränderungen sollten nicht schon in den ersten Tagen passieren. Das Team wird dir ziemlich sicher den Dienst verweigern und dir unterstellen, dass du ja sowieso keine Ahnung von dem hast, was bisher so lief. Damit haben sie sogar in Teilen recht, wenn du dir die Strukturen und Abläufe nicht erst angeschaut hast.

Und dann, wenn du das Gefühl hast, das Wichtigste erfahren und verstanden zu haben, dann kannst du anfangen, die Dinge so nach und nach zu verändern. Versuche, die Vorgehensweisen der Vergangenheit zu würdigen, und erkläre, wie du darauf aufbauen würdest. Oder verabschiede dich mit dem Team gemeinsam von Themen und Vorgehensweisen, die nicht mehr in eure Arbeitswelt passen.

4. Etabliere eine Lernkultur – auch für dich

Über die Lernkultur und den Umgang mit deinen Fehlern und auch mit Fehlern, die anderen im Team passieren, hast du bereits so einiges erfahren. Wichtig beim Start in deine Führungsposition ist jedoch auch, dass du nicht vorgibst, bereits alles zu wissen. Wenn man irgendetwas Neues beginnt, kann man einfach noch nicht alles wissen.

Vielleicht bis du neu im Unternehmen. Dann kennst du viele informelle Regeln noch nicht. Und auch nicht die ganzen Abläufe. Erst mal ist also alles fremd. Deshalb brauchst du Zeit, um zu lernen. Nimm dir unbedingt die Zeit, höre zu und frage nach. Es ist keine Schwäche nachzufragen: »Wie läuft das hier genau ab?« Oder: »Das habe ich nicht verstanden, bitte erkläre mir, warum ihr das hier so macht.« Sprich darüber, dass du etwas nicht weißt, und erkundige dich im Team, ob jemand dir helfen kann.

Besser ist immer, wenn du kein Lehrerinnen-Syndrom an den Tag legst und alle anderen belehrst, selbst wenn du es nicht sicher weißt. Das kommt nicht gut an. Wenn nämlich dem Team auffällt, dass das, was du sagst und tust, nicht von deinem Wissen getragen wird, dann entsteht hier ein ungesundes Teamklima. Man wird dir nicht mehr vertrauen. Menschen fällt schnell auf, wenn man ihnen etwas vormacht oder das Wirken nur auf Halbwissen gegründet ist. Je offener und menschlicher du dich zeigst und deinem Team sagst, dass es deine erste Führungsaufgabe ist, desto mehr werden deine Leute auch bereit sein, dich mit allem Wissen zu versorgen, das dir noch fehlt.

5. Baue dir innerhalb und außerhalb deines Unternehmens ein tragfähiges Netzwerk auf

Du brauchst auch einmal Menschen, die dich durch eine Krise begleiten. Denn Krisen werden kommen: Das Leben ist so, es geht aufwärts und auch abwärts. Du brauchst Menschen in deinem Umfeld, bei denen du dich öffnen, denen du vertrauen und denen du dich auch von deiner verletzlichen Seite zeigen kannst. Du wirst sicherlich einige Male auf Hilfe, Rat und Empfehlungen angewiesen sein. Und andere kommen auch auf dich zu. So funktioniert ein Netzwerk, es ist ein Geben und Nehmen. Und nicht immer kommt die Hilfe genau von der Person zurück, der du einmal geholfen hast. Oft kommt die Unterstützung, die du brauchst, von einer weiteren Person aus deinem Netzwerk.

Damit du in Krisenzeiten ein Netzwerk hast, solltest du besonders in guten Zeiten dafür Zeit investieren. Pflege also immer den Kontakt zu Menschen, die dir nahestehen. Und du brauchst auch Menschen, die einen ähnlichen Lebensentwurf haben wie du, denn diese können sich gut in dich hineinversetzen und verstehen dein Problem ggf. besser als vielleicht deine Mutter, dein Bruder oder deine beste Freundin. Ein Netzwerk sollte nicht nur aus der Familie und den besten Freunden bestehen, sondern auch aus Personen aus dem Business, denen du vertraust.

Und eine wichtige Sache mag ich dir hierzu noch mitgeben: Jobs können gekündigt werden – von Unternehmensseite oder auch von dir. Dein Netzwerk bleibt. Und kann dir auch hier möglicherweise wieder unter die Arme greifen. Also investiere gut.

Und wenn wir jetzt zum Schluss die Geschichte aus der Einleitung umschreiben wollen, dann lautet diese Geschichte zukünftig so:

Ein Mann, Christian, und eine Frau, Tanja, betreten gemeinsam das Gebäude, in dem das Unternehmen Columbia Fashion AG seinen Unternehmenssitz hat. Sie sind gerade fertig mit ihrem BWL-Studium und möchten ihre Karriere starten. Beide sind sehr optimistisch, dass die Zukunft viel Gutes für sie bereithält.

In der Lobby des Gebäudes sitzen viele Menschen unterschiedlichen Alters, Geschlechts und unterschiedlicher Herkunft. Tanja gefällt das sofort. Beide nehmen die Treppe in den ersten Stock. Dorthin führt sie ein Wegweiser, auf dem steht: »Herzlich willkommen. Du hast Talent und Potenzial und wir freuen uns auf die Zusammenarbeit mit dir.«

Im ersten Obergeschoss angekommen erwartet sie die Geschäftsführung. Auch sie freut sich auf die Zusammenarbeit und bald geht es mit spannenden Projekten los. Die Zusammenarbeit ist hervorragend, die Teams sind divers zusammengesetzt – nicht nur divers in Bezug auf die Kompetenzen der einzelnen Mitarbeitenden, sondern auch in Bezug auf menschliche Diversität. Junge und ältere Menschen unterschiedlicher geschlechtlicher Identität arbeiten zusammen, Menschen aus verschiedenen Kulturkreisen, mit unterschiedlichen Religionszugehörigkeiten und mit unterschiedlicher sozialer Herkunft, Menschen mit sichtbarer und unsichtbarer Behinderung und Menschen mit unterschiedlicher sexueller Orientierung. Führungspositionen werden nach entsprechender Kompetenz vergeben. Welche Kompetenzen wichtig für eine Führungsaufgabe sind, ist allen Kolleg*innen im Unternehmen transparent gemacht worden. Die Prozesse zur Vergabe einer Führungsposition sind allen bekannt und es wird sehr strukturiert vorgegangen. Sodass eben keine Hinterzimmer-Freundschaften zu einer Führungsposition führen oder die einen aufgrund ihres Geschlechts den Aufzug nehmen dürfen und die anderen die Treppe nehmen müssen.

Tanja durchläuft den Führungsprozess. Sie ist sichtbar im Unternehmen und im Austausch mit vielen Menschen. Die Menschen wissen, sie hat Lust auf Führung und Ambitionen, sich weiterzuentwickeln. Das Management, auch divers besetzt, ist von ihrer Kompetenz überzeugt und schätzt sie als Frau mit allen ihren weiblichen Fähigkeiten und Stärken. Sie bekommt die »Head of ...«-Position. Sie bereitet sich darauf vor und freut sich, dass sie ihr Potenzial einbringen kann. Tanja bringt ein hohes Maß an Motivation mit, im Unternehmen etwas zu gestalten und Einfluss zu nehmen. Die Kolleg*innen im Unternehmen freuen sich auf die Zusammenarbeit mit ihr, weil sie wissen, wer sie ist, wofür sie steht und was sie bewegen will.

Die Zeiten, in denen Frauen die Treppen nehmen müssen und Männer in den Aufzug nach oben steigen dürfen, sind in diesem Unternehmen Vergangenheit. Und niemand weint dem eine Träne hinterher. Die Zukunftsaussichten sind hervorragend und viele weitere talentierte Menschen reihen sich schon in die Schlange derer ein, die gerne in diesem Unternehmen arbeiten wollen. Denn die positive Unternehmenskultur und die vertrauensvolle und wirtschaftlich sehr erfolgreiche Arbeit in den diversen Teams spricht sich überall im Land herum.

Ein Traumzustand?

Nein, dann nicht mehr, wenn wir alle das Unsere dazu beitragen, dass Veränderungen eintreten. Das beginnt damit, dass Frau Chef kann, in der modernen Arbeitswelt gerne eine Führungsaufgabe übernimmt, ihre Wirkkraft entfaltet und so mit Freude und Gelassenheit andere Menschen führt.

Dankeschön

Dieses Buchprojekt ist durch viele wunderbare Fügungen entstanden. Und ohne die Menschen, denen ich hier meinen Dank aussprechen will, wäre es nie zu dem geworden, was es nun ist. Etwas, auf das ich mit großer Freude, innerer Bewegtheit und Stolz schaue.

Ich danke von Herzen meiner Mitgründerin und Kollegin im Young Female Leadership Program, Anja Kirsammer, für die vielen praktischen und sehr nützlichen Leader-Tipps, die sie mit viel Herzblut und all ihrem Erfahrungsreichtum als Führungskraft und Führungscoach mit eingebracht hat.

Mein Dank gilt außerdem meinem Sparringspartner und Lektor Christoph Landgraf (www.lektoratlandgraf.de), der mir immer schnell und verständlich Feedback zu meinen vielen Fragen gab und meinem Buch inhaltlich den allerletzten Feinschliff verlieh.

Ein besonderes Dankeschön geht an meinen Mann Daniel. Er hat immer an mich geglaubt, mich in so vielen Bereichen unterstützt, in denen nicht meine Stärken liegen, und mir jeden Steigbügel gehalten. Er ist nicht der Mann hinter mir, sondern der Mann neben mir.

Außerdem freue ich mich, so eine wunderbare Familie zu haben, die nur heimlich den Kopf über mich schüttelt, wenn ich mal wieder ein besonderes Projekt am Esstisch vorstelle.

Ich danke im Besonderen vier fabelhaften Frauen, die mich bei diesem Buchprojekt intensiv begleitet haben und mir viele Tipps gaben. Danke dir, liebe Ronja Ebeling, liebe Christina Richter und liebe Eva-Maria Fürst für eure für mich so wertvolle Unterstützung. Und ich danke dir, liebe Lunia Hara, für das fantastische Vorwort zu diesem Buch.

Und dann will ich auch meine langjährigen Freundinnen, Kathrin, Barbara und Simone, nicht unerwähnt lassen. Es ist so schön, dass es euch gibt und wir uns seit vielen Jahren auf unseren Lebenswegen gegenseitig begleiten.

Und so schließe ich mich zum Schluss der Aussage von Wilhelm von Humboldt (1767–1835), dem deutschen Gelehrten, von Herzen gerne an: »Im Grunde sind es immer die Verbindungen mit Menschen, die dem Leben seinen Wert geben.«

Anmerkungen

Alle Links wurden am 25. Mai 2023 aufgerufen.

1 Frauenanteil in Führungspositionen in Deutschland nach Bundesländern 2023: https://de.statista.com/statistik/daten/studie/182457/umfrage/frauenanteil-in-fuehrungspositionen-nach-bundeslaendern/#:~:text=Die%20Statistik%20bildet%20den%20Frauenanteil,in%20F%C3%BChrungspositionen%20rund%2024%20Prozent

2 Frauen in Führungspositionen weiterhin unterrepräsentiert: https://www.destatis.de/Europa/DE/Thema/Bevoelkerung-Arbeit-Soziales/Arbeitsmarkt/Frauenanteil_Fuehrungsetagen.html#:~:text=In%20Deutschland%20waren%20im%20Jahr,Deutschland%20nur%20im%20unteren%20Drittel

3 Zu den Führungspositionen nach der internationalen Standardklassifikation der Berufe (ISCO) zählen Vorstände und Geschäftsführer/-innen sowie Führungskräfte in Handel, Produktion und Dienstleistungen. Die Daten beziehen sich auf die Altersgruppe der Erwerbstätigen ab 15 Jahren.

4 Zwischenstand März 2023, Frauenanteil in den Führungsgremien der 160 Börsenunternehmen: https://www.allbright-stiftung.de/aktuelles/2023/3/7/zwischenstand-mrz-2023-stabiler-zuwachs-beim-frauenanteil-in-den-vorstaenden

5 Anteil der Frauen im 20. Deutschen Bundestag nach Fraktionen im Jahr 2023, Stand: 17.04.2023: https://de.statista.com/statistik/daten/studie/1063172/umfrage/frauenanteil-im-bundestag-nach-fraktionen-in-deutschland/

6 Grundgesetz für die Bundesrepublik Deutschland: https://www.bundestag.de/gg

7 Young Female Leadership Program: www.young-female-leader.de

8 Ebenda

9 LINC Personality Profiler, Effektive Persönlichkeitsentwicklung mit dem BIG FIVE Persönlichkeitstest von LINC, https://linc.de/

10 New Big Five Modell nach Dan P. McAdams & Jennifer L. Pals / Northwestern University: https://www.sesp.northwestern.edu/docs/publications/89090097490a0624369b9.pdf

11 Menschliche Motive, in Anlehnung an die Motive nach dem Personality Profiler, Effektive Persönlichkeitsentwicklung mit dem BIG FIVE Persönlichkeitstest von LINC: https://linc.de/

12 Vgl.: Die Abkürzung USP steht für »Unique Selling Point« oder »Unique Selling Proposition«. Im Deutschen spricht man vom »Alleinstellungsmerkmal« eines Produkts, wodurch es sich vom Wettbewerb abgrenzen kann. Positioniert man eine Leistung, dann ist die Unique Selling Proposition das einzigartige Verkaufsversprechen. Besonders im Marketing und in der Verkaufspsychologie ist der Ausdruck geläufig. Hat ein Produkt einen USP, dann wird der Wiedererkennungswert dadurch gesteigert. Quelle: https://wirtschaftslexikon.gabler.de/definition/unique-selling-proposition-usp-50075

Auch Menschen können einen USP haben, also etwas, was sie von anderen unterscheidet. Das kann ein besonderes Thema sein, das sie besetzen, oder auch ein Talent, das andere nicht haben. Diesen USP gilt es herauszustellen, sodass andere Menschen wissen, wofür man steht bzw. was man gut kann.

13 Grundgesetz für die Bundesrepublik Deutschland: https://www.bundestag.de/gg

14 Frauen in Führungspositionen weiterhin unterrepräsentiert: https://www.destatis.de/Europa/DE/Thema/Bevoelkerung-Arbeit-Soziales/Arbeitsmarkt/Frauenanteil_Fuehrungsetagen.html#:~:text=In%20Deutschland%20waren%20im%20Jahr,Deutschland%20nur%20im%20unteren%20Drittel

15 »Servant Leadership ist eine von Robert Greenleaf begründete Philosophie der Führung und ein etablierter Ansatz der Führungsforschung. Sie beschreibt das Wirken von Führenden als Dienst am Geführten, mithin als dienendes Führen im Gegensatz zum beherrschenden Führen. {…} Der Servant-Leadership-Ansatz beinhaltet eine kompromisslose Ausrichtung der Führung auf die Interessen der Geführten.« Quelle: https://de.wikipedia.org/wiki/Servant_Leadership

16 Der Begriff der psychologischen Sicherheit wurde 1999 von der US-Amerikanerin Amy C. Edmondson, einer Wissenschaftlerin (für Führung, Teamentwicklung und organisatorisches Lernen) und Professorin an der Harvard Business School, geprägt. Sie begleitete Teams in Krankenhäusern und stellte in ihren Forschungen fest, dass die besten Teams diejenigen waren, die sich sehr offen mit Fehlern auseinandersetzten und bereit waren, über Fehler im Team zu sprechen. Bereits im Jahr 1965 brachten Edgar Schein und Warren Bennis psychologische Sicherheit in Verbindung mit Transformationen in Unternehmen, doch erst mit Amy C. Edmondson wurde psychologische Sicherheit zum Erfolgsfaktor für Teams. Man kann psychologische Sicherheit so definieren: Jedes Teammitglied fühlt sich gleichermaßen von den Kolleg*innen und Führungskräften gehört und gesehen und kann ohne Bedenken oder Angst vor negativen Konsequenzen ihre oder seine Meinung sagen. Somit ist psychologische Sicherheit der wichtigste Faktor für eine gesunde Weiterentwicklung im Unternehmen und für effektives Arbeiten. Siehe Literaturverzeichnis: Edmondson, Amy C.: Die angstfreie Organisation, Verlag Vahlen, 2020.

17 Siehe Literaturverzeichnis: Kotter, John P.: A Force For Change. How Leadership Differs From Management. New York: Free Press, 1990, S. 4–6 (eigene Übersetzung).

18 Ebenda.

19 Definition Servant Leadership: Führungsprinzipien im Überblick: https://de.wikipedia.org/wiki/Servant_Leadership

20 Führungsprinzipien im Überblick: https://hr-pioneers.com/2014/03/5-agile-fuehrungsprinzipien/

21 https://de.wikipedia.org/wiki/Reifegradmodell_(F%C3%BChrungslehre)#:~:text=Das%20Reifegradmodell%20ist%20ein%20Teilaspekt,des%20Mitarbeiters%20passenden%20F%C3%BChrungsstil%20w%C3%A4hlen

22 Siehe Literaturverzeichnis: Yukl, Gary: Leadership in Organizations, London: Pearson, 8. Aufl. 2012 und Trost, Armin: Das richtige Führungsverständnis: Wie Sie Ihre Führungsrolle definieren, vermitteln und wirksam umsetzen. Berlin, Heidelberg: Springer Gabler, 1. Aufl. 2022.

23 Kolumne »Chefinnensache«: https://www.rnd.de/wirtschaft/kolumne-chefinnensache-liebe-frauen-sagt-oefter-ja-RULSV4NJPFCQ5ASD7QEY-UVFWAY.html

24 Siehe Literaturverzeichnis: Banaji, Mahzarin R. und Greenwald, Anthony G: Vorurteile. Wie unser Verhalten unbewusst gesteuert wird und was wir dagegen tun können. München: dtv Verlagsgesellschaft, deutschsprachige Ausgabe 2015

25 Erklärung Gender Bias: https://blog.iao.fraunhofer.de/karriere-killer-gender-bias/

26 Erklärung Gender Care Gap: www.diw.de/de/diw_01.c.615859.de/gender_care_gap.html

27 Gender Pay Gap und Gender Care Gap: https://www.diw.de/de/diw_01.c.867356.de/publikationen/wochenberichte/2023_09_1/gender_pay_gap_und_gender_care_gap_steigen_bis_zur_mitte_des_lebens_stark_an.html#section2

28 Definition mental load: https://de.wikipedia.org/wiki/Mental_Load

29 Vgl.: Checkliste für Führungskräfte zur Vorbereitung auf die Aufgabe: https://www.targetter.de/vorbereitung-auf-fuehrungsaufgabe/

30 Siehe Literaturverzeichnis: French, J. P. R. Jr. und Raven, B.: The bases of social power in Cartwright, D./Zander A. (Eds.): Group dynamics. New York: Harper and Row, 1960

31 Siehe Literaturverzeichnis: Tannen, Deborah: Job-Talk. Wie Frauen und Männer am Arbeitsplatz miteinander reden. München: Goldmann, Vollständige Taschenbuchausgabe April 1997

32 Siehe Literaturverzeichnis: Bauer, Joachim: Warum ich fühle, was du fühlst. Intuitive Kommunikation und das Geheimnis der Spiegelneuronen. München: Heyne, 5. Aufl. 2006

33 Siehe Literaturverzeichnis: Windscheid, Dr. Leon: Besser fühlen. Eine Reise zur Gelassenheit. Hamburg: Rowohlt, 15. Aufl. 2021

34 Die wichtigsten Eigenschaften von Führungskräften: https://www.manager-magazin.de/harvard/fuehrung/fuehrungseigenschaften-frauen-koennen-schwierige-dinge-besser-a-6ff90088-0cd5-46df-93ea-51c52b99167d

35 Fehler unerfahrener Führungskräfte: https://t3n.de/news/fehler-unerfahrene-chefs-fuehrungskraefte-tipps-just-do-it-1326212/

36 Kritische Selbstreflexion: https://das-unternehmerhandbuch.de/selbstreflexion-helikopterblick/

37 Siehe Literaturverzeichnis: Kuschik, Karin: 50 Sätze, die das Leben leichter machen. Ein Kompass für mehr innere Souveränität. Hamburg: Rowohlt, 3. Aufl. 2022, Seite 62 ff.

38 Vgl.: Fehler entschuldigen: https://arbeits-abc.de/upps-mein-fehler-der-richtige-umgang-mit-fehlern-im-job/
39 Scheitern und Innovation: https://www.sthree.com/de-de/insights/so-arbeitet-deutschland/iv-scheitern-und-innovation/
40 Ebenda
41 Ebenda
42 Im Mai 2022 erfolgte eine Online-Befragung des Meinungsforschungsinstituts YouGov für SThree. Insgesamt wurden über 2000 Menschen ab 18 Jahren im Rahmen des YouGov-Panels befragt. Es erfolgte eine Gewichtung der Ergebnisse, die repräsentativ für die deutsche Bevölkerung ab 18 Jahren sind.
43 So arbeitet Deutschland: www.sthree.com/media/gh2fzcrh/so-arbeitet-deutschland-iv-whitepaper.pdf
44 Re-Learning Leadership. Wie Hybrid Work die Rolle der Führungskraft verändert: https://www.capgemini.com/de-de/research/re-learning-leadership/
45 Für die Studie des Capgemini Research Institute Re-Learning Leadership: Creating the hybrid-workplace leader wurden 1380 Personen aus 548 Unternehmen befragt und ausführliche Interviews mit Führungskräften aus der Industrie, Wissenschaftler*innen und Expert*innen für die Entwicklung von Führungskräften geführt.
46 Fehlerkultur in vielen Unternehmen ausbaubar: https://www.faz.net/aktuell/wirtschaft/unternehmen/fehlerkultur-laut-studie-in-vielen-unternehmen-ausbaubar-15837117.html
47 Positive Fehlerkultur etablieren: https://blog.hubspot.de/marketing/fehlerkultur
48 Ebenda
49 Erklärung Eisbergmodell: https://karrierebibel.de/eisbergmodell/
50 Siehe Literaturverzeichnis: Schulz von Thun, Friedemann: Miteinander reden 1. Störungen und Klärungen. Allgemeine Psychologie der Kommunikation. Hamburg: Rowohlt, 60. Aufl. Januar 2014
51 Vgl.: Führen von Mitarbeitenden-Gespräche: https://begeisterungsland.de/mitarbeitergespraeche-fuehren/
52 Häufige Konflikte am Arbeitsplatz: https://www.advocard.de/streitlotse/streitkultur/5-haeufige-konflikte-am-arbeitsplatz-beispiele-und-loesungen/
53 Konfliktarten im Überblick: https://blog.hubspot.de/service/konfliktarten

54 Konfliktarten: https://karrierebibel.de/konfliktarten/

55 Konfliktlösungsstrategien: https://karrierebibel.de/konfliktloesung/

56 Wolfgang Grupp im Interview mit dem Business Insider Magazin im Jahr 2021: https://www.businessinsider.de/wirtschaft/trigema-chef-wolfgang-grupp-wird-80-jahre-alt-das-sind-seine-7-markantesten-sprueche/

57 Siehe Literaturverzeichnis: Tannen, Deborah: Job-Talk. Wie Frauen und Männer am Arbeitsplatz miteinander reden. München: Goldmann, Vollständige Taschenbuchausgabe April 1997

58 Siehe Literaturverzeichnis: Watzlawick, Paul, Beavin, Janet H., Jackson, Don D.: Menschliche Kommunikation. Formen, Störungen, Paradoxien. Bern, Stuttgart, Wien: Huber, 1969, 2.24, S. 53

59 Siehe Literaturverzeichnis: Modler, Peter: Das Arroganz Prinzip. So haben Frauen mehr Erfolg im Beruf. Frankfurt am Main: Fischer, 2. Aufl. 2012

60 Vgl.: Fehler unerfahrener Führungskräfte: https://t3n.de/news/fehler-unerfahrene-chefs-fuehrungskraefte-tipps-vermeidbar-1326212

Literaturverzeichnis

Banaji, Mahzarin R. und Greenwald, Anthony G: Vorurteile. Wie unser Verhalten unbewusst gesteuert wird und was wir dagegen tun können. München: dtv Verlagsgesellschaft, deutschsprachige Ausgabe 2015

Bauer, Joachim: Warum ich fühle, was du fühlst. Intuitive Kommunikation und das Geheimnis der Spiegelneuronen. München: Heyne, 5. Aufl. 2006

Bungay Stanier, Michael: The Coaching Habit. Reden Sie weniger & fragen Sie mehr. Wie Sie mit Fragen führen und dabei das Potenzial Ihrer Mitarbeiter entfesseln. München: Vahlen, 1. Aufl. 2018

Ebert, Dorothee: Nie mehr »Ladies first«. Erfolgreich unterbewusste Gedankenmuster erkennen und überwinden. Potsdam: Regina Ebert Verlag, 1. Aufl. 2022

Edmondson, Amy: Die angstfreie Organisation. Wie Sie psychologische Sicherheit am Arbeitsplatz für mehr Entwicklung, Lernen und Innovation schaffen. München: Vahlen, 1. Aufl. 2020

French, J. P. R. Jr. und Raven, B.: The bases of social power in Cartwright, D./Zander A. (Eds.): Group dynamics. New York: Harper and Row, 1960

Gehrke-Vetterkind, Lilian: Studie »Frauen wollen führen – aber unter anderen Vorzeichen.« Stuttgart: www.femaleleader.info 2021/2022

Groth, Alexander: Führungsstark in alle Richtungen. 360-Grad-Leadership für das mittlere Management. Frankfurt am Main: Campus, 2. Aufl. 2010

Helgesen, Sally und Goldsmith, Marshall: How Women Rise. Wie Frauen Karriere machen. München: Vahlen, 1. Aufl. 2023

Heiß, Marianne: YES SHE CAN. Die Zukunft des Managements ist weiblich. München: Redline, 1. Aufl. 2011

Imdahl, Ines und Steeger, Janine: Warum Frauen die Welt retten werden und Männer dabei unerlässlich sind. München: Komplett-Media, 1. Aufl. 2022

Kahnemann, Daniel: Schnelles Danken, langsames Denken. München: Siedler in der Verlagsgruppe Random House, 10. Aufl. 2012

Knaths, Marion: Spiele mit der Macht. Wie Frauen sich durchsetzen. München: Piper, 2. Aufl. 2009

Kotter, John P.: A Force For Change. How Leadership Differs From Management. New York: Free Press 1990

Kreyßig, Nele: Warum es Bullshit ist, andere ändern zu wollen. Offenbach: GABAL, 1. Aufl. 2020

Kurth, Michael Curse: 199 Fragen an dich selbst. Hamburg: Rowohlt, 2. Aufl. 2022

Kuschik, Karin: 50 Sätze, die das Leben leichter machen. Ein Kompass für mehr innere Souveränität. Hamburg: Rowohlt, 3. Aufl. 2022

Malik, Fredmund: Führen, Leisten, Leben. Wirksames Management für eine neue Welt. Frankfurt am Main: Campus, 1. Edition 13. März 2019

Modler, Peter: Das Arroganz-Prinzip. So haben Frauen mehr Erfolg im Beruf. Frankfurt am Main: Fischer, 2. Aufl. 2012

Modler, Peter: Die Manipulationsfalle. Selbstbewusst im Beruf mit dem Arroganz-Training® für Frauen. Frankfurt am Main: Fischer, 1. Aufl. 2017

Onaran, Tijen: Nur wer sichtbar ist, findet auch statt. Werde deine eigene Marke und hol dir den Erfolg, den du verdienst. München: Goldmann, 2. Aufl. 2020

Richter, Christina: Sichtbare Frauen. So nutzt du LinkedIn & Co. als Karrierebooster. Frankfurt am Main: Campus. 1. Aufl. 2023

Tannen, Deborah: Du kannst mich einfach nicht verstehen. Warum Männer und Frauen aneinander vorbeireden. München: Goldmann, Einmalige Sonderausgabe 2004

Tannen, Deborah: Job-Talk. Wie Frauen und Männer am Arbeitsplatz miteinander reden. München: Goldmann, Vollständige Taschenbuchausgabe 1997

Trost, Armin: Das richtige Führungsverständnis: Wie Sie Ihre Führungsrolle definieren, vermitteln und wirksam umsetzen. Berlin, Heidelberg: Springer Gabler, 1. Aufl. 2022

Schulz von Thun, Friedemann: Miteinander reden 1. Störungen und

Klärungen. Allgemeine Psychologie der Kommunikation. Hamburg: Rowohlt, 60. Aufl. 2014
Watzlawick, Paul, Beavin, Janet H., Jackson, Don D.: Menschliche Kommunikation. Formen, Störungen, Paradoxien. Bern, Stuttgart, Wien: Huber, 1969
Windscheid, Dr. Leon: Besser fühlen. Eine Reise zur Gelassenheit. Hamburg: Rowohlt, 15. Aufl. 2021
Yukl, Gary: Leadership in Organizations, London: Pearson, 8. Aufl. 2012

Über die Autorin

Lilian Gehrke-Vetterkind, 1979 in Freiburg i. Br. geboren, lebt mit ihrem Mann in Stuttgart. Sie ist Systemische Beraterin für Organisationsentwicklung und Change-Management, Kommunikationsberaterin nach Schulz von Thun und LINC Personality Profiler Coach.

Nach dem Abitur studierte sie BWL. Sie schrieb 2002 ihre Diplomarbeit bereits zum Thema »Frauen in Führungspositionen« und war mit dieser Arbeit Jahrgangsbeste. Ihre berufliche Karriere startete sie in der Finanzbranche, in der sie zehn Jahre im Vertrieb als Finanzierungs- und Vermögensberaterin arbeitete. Im Jahr 2012 wechselte sie in einen Finanzverband mit angeschlossener Akademie und beriet ihre Kund*innen zu Personalentwicklungsmaßnahmen von Fach- und Führungskräften. Bei vielen unternehmensinternen Projekten ihrer Kund*innen übernahm sie regelmäßig die Projektleitung.

Schon damals fiel ihr auf, dass es im Finanzbereich, in dem viele gut ausgebildete Frauen arbeiteten, sehr wenige Frauen in Führungspositionen gab. Sie selbst erlebte regelmäßig in ihren eigenen Bewerbungsverfahren, dass sich die Banken und Unternehmen im letzten Schritt für den Mann entschieden, der ebenfalls noch mit ihr im Rennen um die Führungsposition war.

Das – und ihr Wunsch nach Unabhängigkeit und einer für sie sinnstiftenden Arbeit – veranlasste sie dazu, im Jahr 2021 gemeinsam mit ihrem Mann das Beratungsunternehmen Gehrke & Vetterkind Consultants zu gründen. Zum Jahreswechsel 2021/2022 publizierte sie nach langer Recherchearbeit und vielen Interviews ihre erste repräsentative Studie zu Präferenzen von Frauen in Führung mit dem Titel »Frauen wollen führen – aber unter anderen Vorzeichen« (www.femaleleader.info). Wissenschaftlich unterstützt wurde sie dabei von Prof. Dr. Armin Trost von der Hochschule Furtwangen.

Seither berät sie Unternehmen zu Diversity & Inclusion und Unternehmenskultur. Ihr Beratungsschwerpunkt liegt dabei auf Gender Diversity.

Außerdem hat Lilian Gehrke-Vetterkind ein eigenes Führungskräfte-Entwicklungsprogramm für Frauen – das Young Female Leadership Program – gemeinsam mit Anja Kirsammer ins Leben gerufen, das seit 2022 erfolgreich regelmäßig durchgeführt wird (www.young-female-leader.de).

Sie ist gefragte Impulsgeberin und spricht regelmäßig auf Firmen-Events oder großen Netzwerk-Veranstaltungen in ihren Vorträgen über Diversity und Female Leadership.

Lilian Gehrke-Vetterkind ist Kooperationspartnerin der Haufe Akademie sowie Mitglied der Frauen-Netzwerke FidAR e.V. und nushu.

In ihrer Freizeit arbeitet sie als ehrenamtliche Mentorin und engagiert sich politisch in ihrem Stadtbezirk.

Mehr zu Lilian Gehrke-Vetterkind und ihrer Arbeit erfährst du hier:

www.liliangehrke.com